BIBLIOTHÈQUE
DES MERVEILLES

PUBLIÉE SOUS LA DIRECTION

DE M. ÉDOUARD CHARTON

LES MERVEILLES DE LA CHIMIE

19 224. — PARIS, IMPRIMERIE LAHURE

Rue de Fleurus, 9.

BIBLIOTHÈQUE DES MERVEILLES

LES MERVEILLES

DE

LA CHIMIE

PAR

MARTIAL DEHERRYPON

QUATRIÈME ÉDITION

ILLUSTRÉE DE 56 GRAVURES DESSINÉES SUR BOIS

PAR FÉRAT, MARIE, JAHANDIER, ETC.

PARIS

LIBRAIRIE HACHETTE ET Cie

79, BOULEVARD SAINT-GERMAIN, 79

1890

LES MERVEILLES

DE

LA CHIMIE

I

LA SCIENCE

CHAPITRE I

L'ALCHIMISTE

Par une de ces nuits sombres qui plongeaient les rues du vieux Paris dans le silence et l'obscurité, les regards de quelque bourgeois attardé ont été certainement attirés, et à son grand émoi, par des lueurs étranges, intermittentes, s'échappant du soupirail de cave d'une maison isolée.

Bientôt son oreille distinguait le bruit régulier d'un soufflet qui fonctionnait dans les profondeurs du sol, et dont chaque pulsation faisait apparaître une de ces lueurs inquiétantes qui éveillaient son attention. — Des exhalaisons sulfureuses venaient, en même temps, offenser son odorat, et achevaient de l'édifier sur la nature du travail souterrain dont le hasard le rendait témoin :

« Santa Barbara! murmurait-il, c'est un Souffleur mescréant qui besongne nuictamment en alquemie! » et il se hâtait de s'éloigner, en appuyant sa retraite par un fervent signe de croix.

« Un souffleur », tel est, en effet, le nom par lequel le populaire désignait celui qui se livrait aux recherches plus ou moins orthodoxes de l'alchimie; — science ténébreuse, interdite au vulgaire, réservée à quelques très rares adeptes; science qui faisait, disait-on, de celui qui la pratiquait, le possesseur de toutes les joies de ce bas monde; science qui, avec des richesses inépuisables et une santé indestructible, donnait les moyens de prolonger, bien au delà de ses limites naturelles, la durée de la vie!

Attribuer à un homme le secret de vivre longtemps, et de vivre riche, puissant et bien portant, ce serait, encore de nos jours, un excellent moyen d'appeler sur lui l'attention du public. Au moyen âge, à cette époque où la superstition tenait tant de place dans l'esprit humain, cet homme n'obtenait pas le même genre de succès : il devenait, tout d'abord, l'objet des suppositions les moins charitables. On ne pouvait pas admettre qu'un aussi merveilleux secret pût être acquis par des moyens licites, avouables; il fallait, de toute nécessité, que l'alchimiste eût des accointances avec l'enfer. Aussi, les femmes se signaient lorsqu'il passait dans la rue; les hommes chuchotaient; les enfants, plus hardis, lui faisaient les cornes.

Le mystère dont il entourait sa vie et ses travaux, ses allures excentriques, son costume qui ne l'était peut-être pas moins, tout concourait, d'ailleurs, à l'exposer à la malveillance, à l'hostilité superstitieuse de la foule. Dans l'opinion de la foule, un souffleur « sentait le fagot ».

Entre nous soit dit, il le sentait réellement un peu, le fagot ; et il n'y a pas lieu de s'en étonner : c'était, comme on va le comprendre, la conséquence inévitable de ses longs égarements. — Après avoir usé sa vie à la poursuite d'une solution qu'il croyait possible, qui devait mettre le comble à sa fortune et à sa gloire, après avoir été cent fois le jouet de mirages toujours décevants, l'alchimiste finissait, un beau jour, par reconnaître l'inanité de ses efforts, l'insuffisance de ses ressources intellectuelles et, fatalement aussi, par constater l'épuisement complet de ses ressources financières. Mais, bien loin de mettre un frein à la violence de son désir d'arriver, l'inventaire déplorable de sa position ne faisait que rendre plus urgente encore la nécessité du succès.

De cette situation d'esprit à la résolution d'employer les moyens extrêmes, de réussir à tout prix, il n'y avait qu'un pas ; et ce pas était bientôt fait : notre homme se donnait au diable. — Gare le fagot !

Notre siècle d'incrédulité n'assiste pas à des pactes semblables ; ce n'est plus en nous donnant au diable que nous nous efforçons d'échapper aux conséquences d'une déconfiture irrémédiable. — Lorsque l'heure de la désillusion et de la ruine a sonné, les plus faibles, parmi les

déconfits, se noient dans les regrets et dans leurs
larmes, et vont, finalement, demander à l'hôpital un
dernier refuge pour leur misère ; les plus forts transforment philosophiquement leur utopie en société anonyme ; puis, par une publicité savamment maniée, ils
évoquent une légion bien connue de pauvres diables —
les actionnaires — qui ne manquent jamais de les tirer
d'affaire. Évocations, incantations, nous avons perfec-
tionné toutes choses.

Une solution aussi commode n'était pas à la disposition d'un souffleur aux abois ; l'actionnaire est, vous
le savez, le produit alambiqué de l'alchimie moderne ; et
notre homme en était réduit, avons-nous dit, à faire
appel aux puissances infernales. Généralement, il leur
proposait de troquer sa vie éternelle contre quelques
années de jouissances terrestres. — Singulier marché !
qui ne donne pas une bien haute idée des facultés cal-
culatrices des alchimistes.

Si avantageux que ce marché pût être pour lui, le
diable témoignait, alors comme aujourd'hui, fort peu
d'empressement à prendre livraison de l'âme qui lui
était offerte. Ce n'était que contraint et forcé par des
évocations irrésistibles, et par des opérations cabalistiques très compliquées, que Moloch, Astaroth, Démogorgon ou quelque autre se décidaient enfin à apparaître.

En raison de la gravité des intérêts en jeu, il est
présumable que la première entrevue n'était pas
exempte d'un peu de froideur et de retenue réciproques ;
mais, une fois le marché conclu, signé, parafé, la
glace était rompue ; les relations devenaient, paraît-il,
très aisées et même fort courtoises. — Nous trouvons

un spécimen de cette urbanité dans un dialogue[1] entre le diable Démogorgon et Abou-Moussah-Djafar-al-Sofi (Géber).

« Salut! dit le diable en entrant chez Géber, salut, savantissime descendant du grand Mahomet!

— Bonjour! répond Géber; je me réjouis de te voir en bonne santé. »

Entamée sur ce ton amical, une conversation, bien que diabolique, devait être aussi agréable qu'instructive; l'exorde peut faire supposer, dans tous les cas, que l'interlocuteur de Démogorgon n'avait employé, pour l'évoquer, que des formules extrêmement polies. Quelles qu'elles fussent, ces formules, polies ou impératives, on les a malheureusement perdues; il ne nous reste aucun document sérieux qui puisse nous guider dans la pratique des évocations; et c'est à peine si nous trouvons, dans quelques mauvaises estampes de l'époque, une indication des instruments ou objets nécessaires dans ces bizarres opérations. Tout cela faisait partie de l'outillage de l'alchimiste classique, chez lequel je vous demande la permission de vous introduire. Entrez sans crainte, je vous certifie que vous ne vous y rencontrerez avec aucun esprit des ténèbres : le diable n'a jamais sérieusement hanté que la bourse du bonhomme.

Le laboratoire d'un souffleur devait être une chose très curieuse. Contenant et contenu n'avaient, du reste, que peu d'analogie avec le cabinet et les instruments d'un chimiste de nos jours.

Autant ce dernier recherche la précision, l'air et la

1. *Dialogus veram et genuinam librorum Gebri sententiam explicans.* — Jacob Manget. — *Bibliotheca chemica curiosa.*

lumière, autant il s'efforce d'obtenir de ses aides l'ordre
et la propreté, autant l'alchimiste affectionnait les lieux
retirés et s'entourait de mystère. Toujours absorbé dans
des méditations que rien ne devait troubler, flairant
partout l'espionnage et la trahison, il suspectait et re-
poussait les soins étrangers qui auraient pu rendre la
vie supportable dans son obscur séjour.

Quelques animaux cabalistiques aussi lugubres que
lui, un hibou, une chouette, ou bien encore un corbeau,
de nombreuses araignées, étaient les seuls êtres vivants
admis ou supportés dans le *sanctum sanctorum* du mé-
fiant adepte.

L'espèce humaine ne s'y trouvait donc représentée
que par deux personnages d'une discrétion à toute
épreuve : un squelette pendu à la voûte, et un fœtus
renfermé dans un bocal d'esprit-de-vin. Squelette et
fœtus lui étaient tout à fait indispensables dans certaines
évocations décisives. Un grand lézard empaillé leur
tenait compagnie.

Des cornues au long col bizarrement tortillé, des péli-
cans, des retortes étranges (fig. 1), quelques matras,
un mortier, des creusets, une clepsydre, étaient rangés
sur le rebord de la hotte du fourneau. L'œil, en s'ha-
bituant à l'obscurité, finissait par distinguer aussi, dans
la pénombre, plusieurs bocaux renfermant, celui-ci du
mercure, celui-là du vitriol, cet autre du nitre, du
soufre, etc.

L'unique rayon de lumière, sordidement déversé par
une petite lucarne grillagée, éclairait la table sur laquelle étaient étalés les objets les plus essentiels dans
la recherche du « grand œuvre » : c'était un astrolabe
et quelques énormes in-folio d'aspect rébarbatif. L'as-

trolabe était le pilote sans lequel l'opérateur n'aurait jamais entrepris de conduire sa barque au milieu des redoutables susceptibilités de certaines planètes. C'est par l'astrolabe qu'il était averti que la lune, par exemple, se trouvait « en regard avec Saturne »; que celui-ci était de la plus méchante humeur, etc., etc., et qu'il était informé d'une foule d'autres circonstances

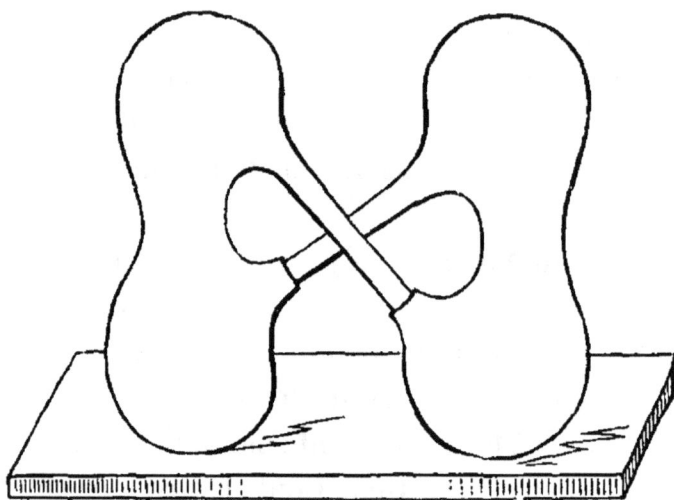

Fig. 1. — Les deux frères.

astrologiques d'une signification aussi menaçante pour lui-même que pour ses tentatives.

Par leurs feuillets fatigués, les in-folio témoignaient suffisamment du rude travail, de la douloureuse contention d'esprit qui devaient courber le front, crisper les doigts du souffleur, lorsqu'il essayait, l'infortuné, d'arracher une interprétation quelconque à leurs sentences mystiques, amphigouriques et saugrenues.

Voici le *Miroir d'alchimie*, l'*Admirable pouvoir de l'art*, la *Nouvelle lumière*, la *Moelle alchimique*, et quelques autres tout aussi vénérables; voici enfin, à la place d'honneur qui lui appartient, la *Table d'Es-meraude*, d'Hermès Trismégiste — un dieu, ne vous déplaise, — à qui l'on attribue également le *Divinus Pimander*.

En raison de leur origine divine, choisissons, parmi ces écrits, les *Parolles des Secrets d'Hermès qu'estoient escrites en table d'esmeraude*. Recueillons-nous et lisons-les en entier (ce n'est pas long), si nous voulons nous faire une juste idée du galimatias qui a détraqué tant de bonnes cervelles, pendant toute la durée du moyen âge, de la Renaissance, et plus récemment encore. Inutile de faire remarquer que l'orthographe de ce document ne peut être imputée au dieu, mais bien à son traducteur :

« Il est vray sans mensonge, certein, et très véritable, que ce qu'est en bas, est comme ce qu'est en hault. Et ce qui est en hault est comme ce qu'est en bas, pour perpétrer les miracles d'une chose. Et comme toutes les choses ont esté, et venues d'un, par la méditation d'un : ainsi toutes les choses ont esté nées de ceste chose unique par adaptation. Le Soleil en est le Père et la Lune la Mère. Le Vent la porte en son ventre, et la Terre est sa nourrisse. Le Père de tout le télesme de tout le monde est icy. Sa force ou puissance est entière, si elle est tournée en terre, tu sépareras la Terre du feu, le subtil de l'espois doucement, avec grand engin. Il monte de la terre au ciel, et derechief descend en terre, et reçoyt la force des choses supérieures et infé-rieures. Tu auras par ce moyen la gloire de tout le monde. Et pource toute obscurité s'enfuira d'avecques toy. En cecy est la force forte de toute force. Car elle vaincra toute chose subtille, et toute chose solide pénétrera. Ainsi le monde est créé. De cecy seront, et sortiront d'admirables adaptations, desquelles le moyen en est ici. Et à ceste occasion je suis appelé Hermès Trismégiste, ayant les trois parties de la philosophie de tout le monde. Il est complet ce que j'ay dit de l'opération du Soleil. »

Hermès, en sa qualité de dieu, avait le droit de rester inintelligible, personne ne le lui contestera; mais on conviendra qu'il en a largement usé dans sa « Table d'émeraude ». A la lecture de ce divin charabia, on peut imaginer à quelles tortures d'esprit, à quelles migraines ont dû se résigner les pauvres souffleurs qui venaient y chercher une clarté, une petite lueur qui pût les guider.

Les continuateurs d'Hermès, de simples mortels, s'autorisant naturellement de l'impénétrabilité du dieu, furent tout aussi ténébreux dans leurs écrits sur la matière; quelques-uns, bien éloignés de s'en disculper, avertissent charitablement le lecteur que la Vérité se trouve enfouie, dans leur œuvre, sous des images et des métaphores incompréhensibles, « afin, disent-ils, que les impies, ignorants et meschants, ne peussent aisément trouver le moyen de nuire ». Et voici de quelle façon ingénieuse ils livrent à la publicité, sans pour cela le divulguer, le secret de la transmutation du mercure en argent[1] :

1. Je choisis cette citation, parmi beaucoup d'autres, dans un livre très intéressant que M. L. Figuier a publié sur ce sujet (*l'Alchimie et les Alchimistes.* Hachette, 1866). On y trouve à côté d'anecdotes amusantes une quantité effrayante de documents instructifs. C'est en connaissance de cause que je me sers du mot « effrayant »; car j'ai voulu, moi aussi, compulser les innombrables auteurs cités par M. Figuier, et j'ai reculé d'épouvante. — Que de grec et de latin!

« Je vous commande, fils de doctrine, congelez l'argent vif :

« De plusieurs choses faites, 2, 3 et 3, 1, 1 avec 3, c'est 4, 3, 2 et 1. — De 4 à 3 il y a 1 ; de 3 à 4 il y a 1, donc 1 et 1, 3 et 4 ; de 3 à 1 il y a 2, de 2 à 3 il y a 1, de 3 à 2, 1, 1, 1, 2 et 3. Et 1, 2, de 2 et 1, 1 de 1 à 2, 1 donc 1. — Je vous ay tout dit. »

Il en est un pourtant, Artéphius, qui veut bien s'humaniser et se départir, en faveur du vulgaire, de l'extrême circonspection de ses confrères. Son traducteur nous le présente dans les termes élogieux suivants : « Nostre Artéphius (lecteur bénévole), seul entre tous les autres philosophes, n'est point envieux ; c'est la raison pour laquelle il explique en ce Traité tout l'art en paroles très claires. » Effectivement, pour peu que vous éprouviez le désir bien naturel de transmuter l'argent en or, en lui donnant sa couleur, il vous suffira de suivre, à la lettre, la marche que le philosophe (point envieux) vous trace en quelques lignes claires et précises :

« — La transmutation des métaux imparfaits est impossible par les corps durs et secs, mais seulement par les mols et liquides.

« Donc le corps sec terrestre ne teint point, s'il n'est teint ; car l'espois terrestre n'entre point, ny teint, parce qu'il n'entre point, donc il n'altère point. Partant l'or ne teint point, jusques à ce que son esprit occulte soit tiré et extrait de son ventre par notre eau blanche et soit faict du tout spirituel, blanche fumée, blanc esprit et âme admirable. »

Convenez que si, avec une formule aussi précise, vous ne parvenez pas à changer en doublon d'or un écu de six livres, c'est-à-dire si vous n'avez pas fait fortune avant la fin de la semaine, c'est que, comme dit encore Artéphius, « vous êtes de bien dur cerveau, et du tout obscurcy d'ignorance. »

Tels étaient donc les enseignements dans lesquels les malheureux adeptes allaient puiser les moyens de conquérir l'*élixir philosophal*, ce mystérieux *menstruum universale* qui devait leur donner richesse, pouvoir, santé et longue vie. Aussi, que de longues nuits sans sommeil, que de jours passés à tourner et retourner, à interroger de toutes les façons un mot, rien qu'un certain mot qui donnera peut-être la clef de tout le mystère ! — Mais, de même que leur crédulité, leur foi est sans bornes : pour eux, Hermès est dieu; Artéphius et tous les autres sont ses disciples; et si dieu et prophètes n'ont pas encore laissé pénétrer le sens véritable de leurs paroles, si le voile qui cache tant de bonheur et de richesses n'est pas déchiré, c'est que l'heure n'a pas encore sonné pour eux, mais elle sonnera.

Certes, cette fièvre de l'or, de la domination, cette avidité de la longue et de la bonne vie, ne sont pas des mobiles qui rendent très intéressante la victime que ces passions torturent; et il semble, au premier abord, bien permis de s'égayer un peu de sa folie. Mais, si l'on considère par quel châtiment cruel le souffleur doit fatalement payer son long aveuglement; si l'on considère, d'autre part, que ce châtiment ne frappe pas que lui seul, qu'il atteint également tout ce qui l'entoure; que le même désastre enveloppe le coupable et les innocents, le fou et sa famille, on trouve alors que la peine n'est plus en rapport avec le délit; on se surprend à plaindre le malheureux halluciné, on cesse de rire.

Le voilà arrivé au bout extrême de ce long rouleau

d'espoirs insensés, et toujours déçus, qu'il n'a cessé de dévider durant toute sa vie. — Quelle vie! Il a tout sacrifié, tout consumé, tout usé à la poursuite de son fantôme. Usé lui-même jusqu'à la corde, mais non découragé, il a fait appel à son dernier souffle, le souffleur! il a trouvé — Dieu seul sait où et comment — une dernière ressource, et il va, plein d'ardeur et de foi, tenter un effort suprême!

Mais, pour lui, plus de doute, cette fois! il a enfin pénétré le sens véritable des mystérieuses paroles; il la tient enfin, il la tient bien, cette formule tant cherchée!

Voyez-le, la barbe inculte, les yeux ravagés par l'insomnie, maigre, jaune, efflanqué, exténué par les veilles, le dos courbé sous le fardeau des ans, auquel vient s'ajouter le poids de déceptions sans nombre, il est, une fois encore, penché sur le fourneau que son regard fiévreux interroge.

Tout y a déjà passé, dans ce fourneau : le douaire de la femme, la dot des enfants, le pain quotidien, le crédit et la bonne renommée de la famille. Il a tout dévoré, ce fourneau, mais qu'importe!

La vieillesse est arrivée. La santé, la vigueur, la bonne humeur ont déserté depuis longtemps ce triste logis; le dénûment et la maladie l'ont envahi; la femme et les enfants grelottent autour du foyer vide; ils n'ont pas mangé hier, mangeront-ils demain? — Qu'importe!

Qu'importe! puisque ce soir, demain, dans deux jours au plus tard, il ne sera plus question de toutes ces douleurs, de toutes ces misères : leur souvenir sera enterré sous des monceaux d'or.

« De l'or! s'écrie-t-il, des monceaux d'or! et puis de

Fig. 2. — Un souffleur au moyen âge.

l'or ; encore et toujours de l'or ! c'est-à-dire la possession, la perpétuité du pouvoir, de la domination sur ce
qui m'entoure. A moi, aussi, une impérissable jeunesse !

« Dans ce creuset où la matière, obéissant à la formule redoutable, achève de se purifier, va naître l'*opi-
fex rerum*, cet ἀρχή qui fit d'Hermès un être supérieur à
tous les êtres, un homme toujours et à jamais jeune
homme, un dieu ! — Liqueur suprême, source d'éternelle jeunesse ; poudre divine, source de richesse et de
puissance, vous m'appartenez enfin ! »

Et tremblant, haletant sous le poids de l'émotion qui
le torture, il enlève son creuset et le découvre. Hélas !
une fois de plus, le misérable n'y trouve qu'une scorie
informe ; et les dernières fumées du fourneau empor-
tent, dans l'atmosphère, la dernière ressource du vieil
illuminé.

« Les hommes sont nécessairement fous », dit Pascal,
et il le dit avec toute la raison dont un homme soit capable. — Si, par impossible, tous les « fous » dispa-
raissaient, et si la grande famille humaine n'était alors
composée que d'individus corrects, de sages prudem-
ment retirés dans le fromage de la circonspection ; de
géomètres exécrant tout esprit d'aventures, n'échappant
jamais, par la plus timide des tangentes, au cercle inflexible de la prudence, on peut affirmer que, si une telle
humanité ne périssait pas bientôt de pur ennui, elle
s'éteindrait, avant l'heure, anémique et stérile. Aux
sociétés, comme aux individualités, si une bonne dose
de sagesse est nécessaire, il faut aussi le mouvement, la
marche en avant, les idées ; il leur faut, disons le mot,
la hardiesse et un grain de folie. C'est ainsi, sans doute,

que l'entend Pascal lorsque, sans s'expliquer davantage, il établit en principe que les hommes sont *nécessairement* fous. La déplorable histoire des alchimistes fourmille de faits qui démontrent l'utilité de certaines folies.

Le vieil alchimiste, le « fou » que nous avons suivi jusqu'à l'agonie de sa dernière espérance, c'est peut-être *Brandt*, le souffleur de Hambourg, qui, après avoir vainement demandé l'*or* à toutes les substances minérables et végétales imaginables, après avoir tout retourné et fouillé, était arrivé, en désespoir de cause, à interroger les matières animales les plus repoussantes. Un jour qu'il tentait, pour la centième, la millième fois, un essai sur l'urine humaine, un corps bizarre, lumineux, un corps *terrible*, dit-il, lui apparaît. — Le fou cherchait l'or, il trouve le phosphore.

Notre fou de tout à l'heure, c'est peut-être aussi le Säxon Bötticher, qui fut conduit, en recherchant une terre plus réfractaire pour ses creusets, à trouver le *kaolin*, et conséquemment les moyens de fabriquer la porcelaine, ce magnifique produit dont la fabrication était tenue si secrète par les Japonais et les Chinois.

Ce sera, peut-être demain, l'halluciné que nous verrons s'élancer vers la lune, prétendant la saisir avec les dents, et qui trouvera la solution du problème de la navigation aérienne. Et une multitude d'autres fous, chasseurs de l'Impossible dans les régions fantastiques de l'Inconnu, qui font, en battant les buissons, des découvertes dont la plupart des gens raisonnables sont incapables.

Si maintenant nous envisageons en bloc les incroyables travaux de ces fous d'alchimistes, nous sommes obligés de reconnaître que c'est à leur fièvre d'investigation, c'est surtout à leur ténacité, que nous sommes redevables, — sinon d'une méthode d'expérimentation, car ils n'avaient aucune méthode pour se diriger eux-mêmes, ces malheureux tâtonneurs de ténèbres, — du moins d'une prodigieuse quantité d'observations sur les phénomènes inattendus mis au jour par leurs recherches extravagantes. Ces observations ont constitué, à la fin du siècle dernier, un magnifique trousseau à la Chimie naissante; elles ont été les bienvenues un peu plus tard, lorsque, la chimie succédant définitivement à l'alchimie, la méthode et la clarté succédèrent au chaos.

Mais que de lenteurs, que d'obstacles se sont opposés à l'éclosion de notre saine et bonne science! que de siècles perdus par son embryon, l'alchimie, à trouver sa voie dans un inextricable réseau de mystères! que de superstitions ont enrayé le libre développement de la saine pensée, depuis l'époque où les prêtres de Thèbes et de Memphis et tous les anciens mystagogues, du fond de leurs ténébreux sanctuaires, berçaient leurs initiés d'espérances insensées, jusqu'au moment où l'esprit honnête d'un savant se révolte contre tant de duperies, et lui inspire cette loyale exclamation : « Il n'y a pas de transmutation! L'œuf éclôt par la chaleur d'une poule ; avec tout notre art, nous ne pouvons pas créer un œuf, nous pouvons le détruire et analyser. — Voilà tout. »

Pour se faire une idée de l'épaisseur et de la persistance des ténèbres qui ont frappé si longtemps de stérilité tous les efforts qu'a pu faire la chimie pour germer et naître, il est nécessaire de jeter un coup d'œil sur la

2

longue épopée, souvent burlesque, quelquefois tragique,
qui constitue l'histoire de l'alchimie et de ses adeptes.
— Nous allons l'entreprendre dans la mesure du possible, c'est-à-dire avec la brièveté qui nous est imposée
par l'étroitesse de notre cadre.

CHAPITRE II

L'ALCHIMIE

De même que toutes les autres branches de l'ancienne sapience, l'alchimie a d'illustres ancêtres : c'est une fille de bonne maison. Suivant la tradition, Mercure fut son révélateur : sous le nom d'Hermès, il initia les prêtres égyptiens à cette science, qui fut appelée par eux : *art sacré*.

Plus tard, en souvenir d'Hermès, les Grecs donnèrent les noms de *science hermétique*, *philosophe hermétique*, à l'art sacré des Égyptiens et aux adeptes qui le cultivaient; et enfin, lorsque, après la prise d'Alexandrie, les sciences passèrent aux mains des Arabes, ceux-ci, à leur tour, donnèrent à la science hermétique des Grecs le nom d'*alchimie*, qu'elle a conservé jusqu'à nos jours et que, suivant toute apparence, elle gardera toujours. —Du nom d'Hermès dérive peut-être aussi le qualificatif d'*hermétique*, donné à toute fermeture irréprochable, qui rappelle le soin jaloux avec lequel les disciples d'Hermès évitaient de laisser transpirer la plus petite partie de leurs ecrets.

Les prêtres de Thèbes et de Memphis, premiers déposi-
taires de la science d'Hermès, liaient leurs initiés
par les plus terribles serments; l'initié prenait l'enga-
gement de ne jamais révéler par gestes, écrits ou paroles, les redoutables mystères de la science hermétique; et s'il arrivait que, malgré toute cette herméticité,
la démangeaison de parler fût plus forte que la crainte
du châtiment, l'auteur de l'indiscrétion était recher-
ché, et on lui faisait avaler une certaine préparation
de laurier-cerise qui lui fermait la bouche pour toujours. On ne sentait pas, comme de nos jours, la nécessité de vulgariser la science; celle-ci ne devait appar-
tenir, au contraire, à de rares exceptions près, qu'aux
pontifes et à quelques aides indispensables : aussi
n'est-ce qu'entachées de toutes les incertitudes et des
erreurs de la tradition que les connaissances humaines
passaient d'un siècle à un autre, cherchant péniblement
leur voie au milieu des obscurités du chemin, au lieu de
s'étendre largement, en toute liberté d'allures, et de
progresser. C'est de cette façon que l'art sacré passa des
mains des prêtres de Memphis aux mains des philosophes byzantins, et que, de ceux-ci, la science hermétique fut transmise, probablement défigurée, aux Arabes
du huitième siècle, qui la cultivèrent ardemment sous
le nom d'alchimie.

Abou-Moussah-Djafar-al-Sofi, connu sous le nom plus
mnémotechnique de *Géber*, et que nous avons entendu,
tout à l'heure, causer avec le diable, était un médecin
célèbre, qui a laissé de nombreux écrits sur la recherche
de la pierre philosophale. On l'accuse, à tort ou à raison, d'être le véritable auteur de la *Table d'émeraude*,
le divin galimatias attribué à Mercure. Ce dieu, par le

fait, se verrait dépouiller de sa réputation d'écrivain
hermétique; et ce n'est pas le seul malheur qui vien-
drait frapper sa divinité : son immortalité — matérielle
s'entend — serait également douteuse. S'il fallait en
croire son commentateur Hortulanus (des jardins mari-
times?), qui prit la peine, très grande au onzième siècle,
de faire le voyage d'Espagne pour contempler et tra-
duire cette Table d'émeraude, ladite « Table fut trouvée entre ses mains (d'Hermès) en une fosse obscure,
où son corps fut trouvé qui y avoyt esté enterré ».

Voilà donc le corps d'un dieu qui est enterré, sans
plus de cérémonie que celui d'un simple mortel, dans
une fosse obscure où il est retrouvé. — Cela ne vous
paraît-il pas déjà peu conciliable avec l'idée que nous
nous faisons de l'immortalité? Mais, lorsqu'on s'aventure dans le monde alchimique, il faut se préparer
à trébucher, dès les premiers pas, dans l'incompré-
hensible et le merveilleux. Abstenons-nous donc de
pousser plus loin l'examen de ce mystère : un dieu,
du reste, est en jeu; et, comme le dit sagement
Sosie :

> Sur telles affaires toujours
> Le meilleur est de ne rien dire.

Tel a été certainement l'avis des alchimistes, puisque
la Table d'émeraude, malgré cette histoire de l'enterre-
ment de son divin auteur, n'a jamais perdu, à leurs
yeux, la plus faible partie de son prestige et de sa valeur.

Géber se livra, corps et âme, à la recherche du grand
œuvre; et ses efforts furent couronnés de succès, as-
sure-t-on, car il découvrit le fameux *elixir rouge* qui
prolonge la vie et perpétue la jeunesse.

Après Géber, ce sont encore des savants arabes qui tiennent, de siècle en siècle, le drapeau de l'alchimie; ainsi :

Mohammed-Abou-Bekr-Ibn-Zacaria (*Rhazès*), aux neuvième et dixième siècles;

Abou-Ali-Hossein-Ibn-Sina (*Avicenne*), aux dixième et onzième siècles;

Ibn-Rochd (*Averrhoës*), au douzième siècle.

Nous nous bornons à citer leurs noms, il nous tarde d'arriver à l'époque plus curieuse et mieux connue où l'alchimie devint l'objet de fiévreuses recherches, et alluma dans les esprits les plus malsaines aspirations. Nous voulons parler des treizième, quatorzième siècles et suivants, qui furent à la soif de l'or ce que les siècles précédents avaient été au fanatisme religieux des croisades. Au besoin de courir les aventures en Palestine avait succédé, dans les cervelles du moyen âge, une autre extravagance moins sanguinaire et plus prosaïque, qui entraîna toute l'aristocratie de la chrétienté. On vit la plupart des savants, et à leur suite des rois, des empereurs, un pape (?) [1], des évêques, des moines, des théologiens, se transformer en souffleurs, et souffler avec une foi et une ardeur sans égales.

Cependant nous constaterons dans un instant que,

---

1. On attribue au pape Jean XXII un écrit (*Ars transmutatoria*), dans lequel se trouvent des passages comme celui-ci :

« Fac oleum de quacumque re volueris; de sanguine humano credo plus valere... de stercore humano dessiccatus ad solem et postmodum lavatus in aqua. »

Ce latin n'a pas besoin d'être traduit; tous ceux qui l'auront aisément compris conviendront avec moi que l'on ne saurait sérieusement admettre qu'un pape savant, comme l'était Jean XXII, fût l'auteur véritable de recettes aussi singulières et aussi peu infaillibles.

chez quelques souverains, cette foi dans la transmutation était plutôt apparente que réelle. Les monarques
auxquels nous faisons allusion cachaient, derrière leurs
prétendues transmutations, une opération qui aurait
infailliblement conduit leurs sujets à la potence : ils
n'étaient purement et simplement que des faux monnayeurs.

C'est donc, disons-nous, vers la fin du treizième
siècle que l'on vit les savants appliquer toutes leurs
facultés intellectuelles à la recherche de la *quintescence*,
la merveille des merveilles. — Albert de Bollstædt, dit
Albert le Grand, un des grands esprits du moyen âge,
paya un large tribut à l'idée fixe de son époque; et,
tout en poursuivant la chimère, il trouva, entre autres
procédés que l'industrie actuelle pratique encore — après
les avoir perfectionnés, — la coupellation de l'or et de
l'argent ; la préparation des divers oxydes de plomb (le
minium et le massicot), etc.

Son élève, saint Thomas d'Aquin, suit les traces du
maître : ayant remarqué que les vapeurs arsenicales
blanchissent le cuivre, il se figure avoir trouvé le
moyen, par ce procédé de coloration, de *transformer
tout le cuivre en argent*.

Raymond Lulle découvrit, pour son compte, le calo-
mel, la préparation d'huiles essentielles, qu'il obtint en
distillant des plantes dans lesquelles il espérait trouver
de l'argent, et diverses autres préparations utiles qui
laisseraient à ce savant souffleur une réputation très
enviable, si sa mémoire n'était pas entachée du soupçon
d'avoir favorisé la fabrication de la fausse monnaie
émise par Édouard III d'Angleterre.

Un quatrième, Roger Bacon, appartient à la même

pléiade de savants de cette époque, que vient compléter un Français, Arnaud de Villeneuve.

Roger Bacon, ce moine dont l'existence fut si tourmentée, et à qui on attribue à tort la funeste invention de la poudre à canon, R. Bacon, disons-nous, avait cependant une pensée saine, au milieu de toutes les extravagances qui envahissaient son esprit aussi bien que celui de ses contemporains. « Les métaux sont trop pauvres, disait-il, pour espérer d'en retirer de l'or et de l'argent : ils ne peuvent donner ce qu'ils n'ont pas. »

Erreur! aveuglement! lui répondaient les souffleurs endurcis; le plomb sans argent peut donner de l'argent; une poule ne fait-elle pas des œufs sans coq? — Argument d'alchimistes, comme vous voyez.

On doit à ce grand homme une multitude d'idées neuves et fécondes, qui, dépouillées plus tard de tout mysticisme, font encore partie aujourd'hui du trésor des connaissances humaines. Quant à la poudre à canon, dont la possession ne donne que très rarement des sujets de satisfaction à notre humanité, il n'est pas possible que R. Bacon en soit réellement l'inventeur européen. Les « soulfrés » et les « nitres » ont été, de temps immémorial, les agents les plus usuels dans les manipulations des alchimistes; il serait donc bien extraordinaire. sinon impossible, que, parmi les mille et mille combinaisons tentées avec ces deux substances, il ne s'en fût pas rencontré une seule, avant le temps de R. Bacon, qui eût produit un mélange suffisamment explosible pour attirer l'attention, et même la stupéfaction de l'expérimentateur.

Arnauld de Villeneuve clôt cette série de savants dont

les écrits et les travaux illustrèrent le treizième siècle, mais ne contribuèrent pas peu, néanmoins, à épaissir les ténèbres au milieu desquelles se débattirent inutilement leurs successeurs. C'est à Arnauld de Villeneuve que l'on doit la connaissance des propriétés des acides sulfurique, chlorhydrique et nitrique. Tant il est vrai, comme nous ne cesserons de le répéter, qu'une bonne partie des connaissances dont nous sommes si fiers aujourd'hui n'ont pour ancêtres que l'erreur et le hasard!

Le quinzième et le seizième siècle ont produit deux alchimistes très remarquables à des titres différents.

Le premier, dont le nom de Basile Valentin (régule puissant) pourrait bien n'être que le pseudonyme d'un alchimiste qui voulait cacher son nom véritable, a laissé des écrits, encore consultés aujourd'hui, sur l'antimoine et le rôle que joue ce corps dans la métallurgie et la médecine. — L'antimoine dut certainement appeler l'attention des souffleurs. Son sulfure, forme sous laquelle on rencontre presque toujours ce métal dans la nature, ne tarda pas à être baptisé par eux du nom de *lupus metallorum* (le loup des métaux), parce que, en l'employant dans la séparation de l'or et de l'argent avec les métaux étrangers, ceux-ci étaient rapidement transformés en sulfures (ils étaient alors mangés, dévorés par le loup), et l'or et l'argent s'en trouvaient débarrassés.

Dans ses récits, B. Valentin est naturellement obscur et mystique lorsqu'il parle du « grand œuvre », mais on y trouve aussi l'indication de procédés précieux. Il indique, le premier, le moyen de retirer l'alcool du vin et des boissons fermentées. En constatant qu'une lame de fer plongée dans la solution d'un sel cuivrique se recouvrait d'une couche de cuivre, il est peut-être également le premier qui ait semé la graine dont est sortie la galvanoplastie. Une modeste couche de cuivre n'était pas, il est vrai, le terme de son ambition : il prétendait, bel et bien, avoir transmuté le fer en cuivre.

Le second de ces deux alchimistes n'est autre que Paracelse, cet homme endiablé, bizarre, emporté, quelque peu ivrogne et débauché, dit la tradition, mais dont le génie audacieux a donné un terrible coup de fouet à la médecine du moyen âge. A tous ces défauts Paracelse joignait celui de la superstition la plus outrée : il faisait intervenir les astres et les puissances infernales dans les phénomènes les plus ordinaires. Suivant un auteur suédois, c'est le diable qui aurait donné à ce lunatique la recette de l'*alcahest*, le dissolvant de toutes choses[1].

Paracelse a étudié le *zinc* avec beaucoup de soin ; c'est même à lui que ce métal doit son nom moderne ; les anciens le nommaient *cadmia*, et ne le connaissaient probablement qu'à l'état de blende ou de calamine.

Les titres les plus sérieux de Paracelse à la grande renommée qu'il a laissée sont, sans contredit, ses efforts couronnés de succès pour remplacer la pharmacopée, souvent baroque, de Galien, par des médicaments simples, tirés directement du règne minéral. On lui

---

1. L'*alcahest* n'est autre chose que le résultat de la détonation d'un mélange de zinc en limaille et de nitrate de potasse. La petite explosion qui accompagne la combinaison n'a rien de bien diabolique ; il est superflu d'ajouter que le produit de cette combinaison ne saurait être un dissolvant universel.

doit l'opium, de nombreuses préparations mercurielles, et une foule d'autres remèdes qui sont encore utilisés aujourd'hui.

Mais le fougueux rénovateur de la thérapeutique avait lui-même le cerveau bien malade. Non content d'évoquer les démons, comme le faisaient les souffleurs ses confrères, il imagina d'en produire artificiellement.

Nous avons de lui une recette pour créer l'*homunculus*, un génie familier, qui devenait plus tard un homme capable des actions les plus sublimes, si son auteur avait pris un soin suffisant de son éducation : un être, dit-il, que l'art et la nature nous donnent le moyen de créer. On me dispensera de reproduire la recette pour créer l'*homunculus*.

L'auteur de tant de choses sensées et de tant d'extravagances mourut, dans un cabaret de Salzbourg, des suites d'une orgie.

Les alchimistes que nous avons cités jusqu'à présent sont les plus marquants parmi les adeptes de la chimie fantastique ; ils étaient de bonne foi, ceux-là ; ils étaient convaincus que leur rêve était réalisable ; ils croyaient suivre une étoile. Nous ne pouvons donc pas refuser un souvenir sympathique à la mémoire de ces amants platoniques du merveilleux ; gardons-nous surtout de les confondre avec les auteurs de toutes les coquineries dont l'alchimie ne fut que l'instrument.

Le merveilleux qui s'attachait à l'alchimie devint, comme il est aisé de l'imaginer, une mine inépuisable qu'exploitèrent de nombreux imposteurs. Les uns, tels que N. Flamel, dont nous allons esquisser l'histoire dans un instant, pour expliquer la possession de richesses d'origine peu avouable ; d'autres, qu'il faut aller cher-

cher au faîte de la grandeur humaine, sur le trône,
cachaient sous le voile des mystères alchimiques une industrie qui, favorisée par l'impunité attachée à leur rang
souverain, leur procurait des ressources financières, in-
trouvables par des moyens honnêtes. Maintes fois, en
effet, l'alchimie a couvert de son manteau extravagant
les royales escroqueries de souverains décavés par la
guerre, ou par des passions ruineuses. Le peuple, toujours crédule, voyait des alchimistes où il n'y avait que
des rois faux monnayeurs.

Henry VI, Édouard III, Édouard IV, rois d'Angleterre,
mirent en circulation une quantité considérable de monnaie hermétique qui n'avait de l'or qu'une très faible
apparence; c'était, le plus souvent, un amalgame de
cuivre, ne se rattachant à l'alchimie que par le mystère
que l'on mettait à le fabriquer.

Un demi-siècle auparavant, Barbe de Cilley, devenue
la femme de l'empereur Sigismond, mit en circulation
des monnaies d'or et d'argent hermétiques, qui n'étaient
autre chose que les alliages sans valeur de cuivre et
d'arsenic.

Ferdinand III, autre souverain allemand, dont les
finances se trouvaient complètement épuisées par la
longue et funeste guerre de Trente Ans, demanda également à cette prétendue alchimie les mêmes moyens
de les rétablir.

Charles VII renvoya les Anglais, envahisseurs de notre
sol, en les payant avec une monnaie qu'ils acceptèrent
avec empressement, bien que fausse, attendu qu'elle était
infiniment moins fausse que celle frappée par le roi de
leur pays.

A la suite de ces faux monnayeurs couronnés et de

plusieurs autres que nous ne citons pas, viennent prendre
place les vulgaires escamoteurs qui n'ont jamais rien
cherché ni rien trouvé. Ils font partie de la classe des
prestidigitateurs, et ce n'est que par un point de contact peu flatteur pour l'alchimie qu'ils appartiennent à
notre sujet.

Leur sort a été celui de tous les aventuriers : les uns
sont devenus riches, puissants, considérés. — Il en est,
parmi ceux-là, qui sont devenus comtes, marquis, et
qui ont fait souche. — Les autres ont été pendus.

Le nombre de leurs dupes doit être immense, car la
crédulité des hommes a toujours été proportionnelle à
l'urgence de leurs besoins, ou aux exigences de leurs
passions. Les plaintes des victimes sont parfois aussi ri-
sibles que leur naïveté. « ... Et toutes fois, s'écrie l'une
d'elles, je ne vis aultre chose que des fumées, vapeurs
et quelques liqueurs. Tellement que mes escus s'en
allèrent en fumée, et en une sepmaine j'ay despendu
septante écus d'or, dont je m'en repens encore. »

La race de ces pseudo-alchimistes est éternelle ; elle
n'a succombé qu'en apparence aux coups mortels que
la chimie moderne lui a portés, en dévoilant une à une
toutes ses supercheries. Vaincue sur ce terrain, elle
reparaît sur un autre, aussi productif et moins péril-
leux.

Ce n'est plus à une avidité plus ou moins vindicative
qu'elle adresse ses fascinations, mais bien à la vanité,
cette poule qui se laissera toujours plumer sans oser
crier. — Aujourd'hui, si les poudres rouges et blan-
ches, si les teintures philosophiques ont cessé d'opérer
la transmutation en or du cuivre et du mercure, elles
ont acquis la propriété de transformer, en toute sécu-

rité pour l'alchimiste, l'argent des chevelures quinquagénaires en or, ou en ébène ; mais ceci n'est qu'un jeu : elles font renaître et croître, avec la même facilité, des forêts de cheveux sur les sinciputs les plus stériles. — Convenons que les crânes d'ivoire de notre époque recouvrent des cervelles tout aussi crédules que les cervelles du moyen âge. Ce dernier mot nous rappelle l'histoire de Nicolas Flamel, que nous avons promise.

La dernière moitié du quatorzième siècle et les premières années du quinzième furent témoins d'un véritable phénomène ; il n'est pas possible de qualifier autrement la rapide et prodigieuse fortune d'un alchimiste. — Jusque-là, l'alchimie n'avait pas habitué ses partisans à de brillants succès ; elle ne payait, au contraire, que par la ruine et le désespoir les efforts de ses adeptes ; et voilà que, tout à coup, changeant d'allure, elle semble combler de richesses un homme obscur, simple « écrivain », qui avait son échoppe adossée à l'église de Saint-Jacques la Boucherie. L'histoire de cette fortune extraordinaire mérite un examen spécial, car elle s'intercale, au milieu des désastreux résultats obtenus par les alchimistes, de la même façon pernicieuse que nous voyons, de loin en loin, scintiller au-dessus du gouffre des maisons de jeux la relation de la victoire plus ou moins authentique remportée par un joueur.

Nicolas Flamel n'était donc qu'un très modeste « escripvain », ne demandant qu'à la calligraphie les moyens de vivre et de prospérer. Sa conduite était excellente ; son entente des affaires parfaite ; et il était déjà sur la voie de la fortune, lorsque sa bonne étoile lui fit épouser dame Pernelle, une belle veuve qui lui apportait, avec une escarcelle bien garnie, un grand fond de jugement, d'économie et d'expérience. Chacun de nous se ferait volontiers souffleur avec la perspective d'un aussi rarissime résultat : n'était-ce pas déjà une espèce de pierre philosophale que Flamel avait trouvée dans la personne de sa femme? Une aventure merveilleuse vint mettre le comble au bonheur de ce prédestiné.

Un ange — il ne s'agit plus de dame Pernelle — lui apparut une belle nuit et lui dit, en lui montrant un très ancien et magnifique livre qu'il tenait à la main : « Flamel, ce livre auquel personne n'a jamais rien compris, tu vas y trouver, toi, ce que nul autre ne doit savoir. » — Et comme Flamel tendait avidement la main pour s'emparer de ce merveilleux cadeau, l'ange et son livre s'en allèrent en fumée.

Jusqu'alors, l'aventure ne se distinguait en rien des aventures alchimiques, elle se terminait de la même façon : en fumée ; et Flamel, homme positif, époux d'une femme sensée, n'y pensait plus lorsque, longtemps après, un inconnu vint lui proposer l'acquisition, moyennant la somme de deux florins, d'un livre que Flamel reconnut immédiatement : c'était celui de l'ange.

L'ange ne l'avait pas trompé : le livre, d'origine israélite, était composé d'images et de symboles incompréhensibles ; tellement incompréhensibles, que ce ne fut qu'après vingt années d'études acharnées, dans lesquelles dame Pernelle apportait le concours de sa sagacité, que Flamel reconnut enfin que, émanant d'un juif, cet écrit ne pouvait être interprété et expliqué que par un juif ; mais encore fallait-il que ce fût un juif très savant, et Flamel ne pouvait espérer le trouver, celui-là, qu'en Espagne.

Il se met donc en route, muni d'une copie du pré-

cieux document, laissant l'original à la garde de sa
femme, et se dirige d'abord vers la Galice; d'une pierre
il fait deux coups : sa tournée alchimique est précédée
d'un pieux pèlerinage à Saint-Jacques de Compostelle.
Au retour de ses dévotions, il rencontre enfin l'homme
qu'il cherchait, un médecin juif qui, à la vue des images
que Flamel lui présente, se pâme d'aise et consent à
donner toutes les explications désirables, mais à la condition qu'on lui fera voir plus tard le livre original,
livre sacré parmi tous les livres, perdu depuis des
siècles, et dont les descendants d'Abraham ne parlaient
qu'avec la plus grande vénération.

Le marché fut conclu et exécuté, de la part du juif,
séance tenante, à la grande joie de Flamel, qui écoutait,
plein d'émotion, l'explication si vainement cherchée de
ce grimoire. Cela fait, les deux amis s'acheminent vers
la France : l'un pour mettre en pratique les formules
qui viennent de lui être révélées; l'autre, dans le but
plus platonique de voir par ses yeux, toucher de ses
mains, un objet dont la perte faisait le désespoir de ses
coreligionnaires. Mais le pauvre juif mourut en chemin,
ses yeux se fermèrent avant qu'il leur fût permis de
contempler l'écrit vénéré, et Flamel resta seul possesseur du précieux secret. Rentré au logis, il s'empresse
de se mettre à l'œuvre, assisté de dame Pernelle, et
produit à volonté de l'or et de l'argent.

Ce fut en bon chrétien qu'il utilisa ses richesses :
dame Pernelle et lui appliquèrent leur opulence alchimique à la fondation de quatorze hôpitaux, et à de
nombreuses œuvres pies. Telle est la légende, qui est
fort longue et que nous regrettons d'écourter.

Le merveilleux engendre invariablement le scepti-

cisme; il s'est trouvé des écrivains peu crédules de leur
nature, épilogueurs et curieux, qui ont impitoyablement
interrogé les circonstances de la vie réelle de N. Flamel,
et ont cru y découvrir une explication toute naturelle
de ses merveilleuses richesses.

Suivant eux, le prétendu alchimiste était un madré
compère : pour détourner l'attention sur l'origine d'une
fortune qu'il ne devait qu'à l'usure et à d'autres moyens
peu avouables, il la justifiait, aux yeux du public su-
perstitieux de son époque, en l'attribuant à un miracle
alchimique, appuyé par l'intervention d'un ange, et non
par le concours cabalistique des démons. — Arrivé au
terme de sa carrière, n'ayant aucun héritier à qui laisser
tous ces biens, il les aurait consacrés à des œuvres de
charité, sauvegardant ainsi, du même coup, sa mémoire
terrestre et sa félicité éternelle. On reconnaît aisément,
dans ces sages dispositions, un époux qui écoute les
conseils d'une femme avisée.

Il n'en reste pas moins acquis que Paris est redevable à N. Flamel de nombreuses fondations charitables; c'est évidemment pour ce seul motif que nos
édiles ont donné son nom à une rue qui conduit à la
tour Saint-Jacques; car, malgré le laisser-aller que
nous apportons dans la distribution de ces récompenses
posthumes, il n'est pas présumable que nous pousse-
rions la légèreté en cette matière au point de consa-
crer, par un semblable honneur, les vertus discutables
d'un prêteur à la petite semaine. Restons-en là avec les
charlatans.

Avant de clore ce chapitre, déjà trop long, si l'on con
sidère que son objet est uniquement de servir d'introduction historique à la science de la chimie, qu'il nous

soit permis de résumer en quelques lignes les déductions que l'on en peut tirer.

Les deux buts de l'alchimie sont les objectifs naturels de l'ambition humaine : la richesse, une jeunesse et une santé inaltérables. — Nous avons la certitude, aujourd'hui, que le dernier de ces bonheurs terrestres nous est interdit; nous savons que les hommes ne sauraient se soustraire à la loi inexorable qui régit la matière : qu'il faut vieillir et mourir. Mais, à une époque plus reculée, l'esprit humain se mouvait dans un ordre d'idées moins anguleuses, plus flexibles, plus maniables; on voulait bien convenir qu'il fallait vieillir et mourir, mais ce n'était pas sans certaines restrictions. Les légendes, si puissantes à cette époque, étaient les béquilles qui soutenaient la crédulité chancelante; on y trouvait de nombreux exemples d'une extrême longévité. — Le souffleur Artephius avait vécu mille ans; d'autres encore avaient vécu plusieurs siècles; donc, pensait-on, cette longévité ne répugne pas à la nature. — Était-il permis, au moyen âge, de douter qu'Ahasvérus eût été condamné à vivre et à marcher jusqu'à la fin des siècles? Il y avait conséquemment des exceptions possibles, historiques, à la fatale règle commune.

La transmutation des métaux vils en métaux parfaits, c'est-à-dire la conquête de la richesse, devait paraître relativement plus réalisable, puisque la nature tout entière livrait la matière aux mains de l'expérimentateur. Il ne s'agissait plus, pour la solution du problème, de fixer dans un corps une chose aussi insaisissable que la vie, mais, suivant la plupart de ces philosophes, de forcer tout simplement la matière à reprendre une forme qu'elle avait perdue. Avant d'être plomb, fer, cuivre, etc., disaient-ils, tous les métaux avaient été de l'or : ce n'était donc plus qu'une question de restitution.

Et les souffleurs se lancèrent dans cette voie, qui fut des plus fertiles en découvertes dont nous avons cité plus haut les auteurs.

La métallurgie leur doit, avons-nous dit, la coupellation, la réduction des oxydes et des sulfures de plusieurs métaux. — Dans les arts industriels, nous leur devons la découverte des acides forts; une quantité d'oxydes et de sulfures colorants; de nombreux procédés de distillation; les premières indications des phénomènes électro-galvaniques. En médecine, nous leur sommes redevables d'un grand nombre de médicaments précieux. On trouverait difficilement, en un mot, une forme quelconque de la matière qui n'eût été interrogée par les alchimistes, ces incroyables chercheurs.

Pourquoi ne se sont-ils pas toujours bornés à s'adresser à la matière? pourquoi ont-ils abandonné tant de fois cette route logique, pour se lancer dans les voies stériles de la superstition et du mysticisme? — Hélas ! les alchimistes n'étaient que des hommes, et la superstition est le refuge naturel, l'allié *in extremis* de l'ignorance humaine.

Quinze siècles ont été gaspillés dans ces trop longs égarements, et aussi dans la poursuite, plutôt philosophique que matérielle, de l'*âme du monde* (était-ce peut-être de l'électricité?) qui existe dans tout, qui anime tout, et dont la conquête aurait procuré au philosophe la suprême félicité, en le mettant en rapport direct avec Dieu et les esprits! car il ont tout tenté, ces penseurs infatigables. Pour la plupart, l'or satisfaisant toutes les ambitions, toutes les ambitions devaient se réduire à celle de faire de l'or; mais, pour quelques autres, ce n'était pas assez : les plaisirs d'ici-bas n'étaient rien, si l'homme, bien qu'ayant les pieds dans la boue terrestre, ne pouvait pas vivre de la vie céleste, avec Dieu et les esprits pour interlocuteurs.

Extravagantes comme elles l'étaient, ces présomptueuses élucubrations avaient encore un autre défaut : elles ne produisaient rien. Mais, de notre nature, nous lâchons volontiers la proie pour l'ombre; toutes ces choses de pure imagination avaient donc un attrait puissant pour les idéalistes de l'alchimie, qui y trouvaient, sans doute aussi, un sujet de délassement pour leur esprit : il était plus facile et plus amusant de rêver que de faire de l'or.

Les alchimistes positifs, ceux qui bornaient leur ambition, déjà grande, à la transmutation pure et simple des métaux, étaient, comme nous l'avons dit, les plus nombreux. En dehors de ceux qui n'avaient pour mobile qu'une avidité vulgaire, ils se recrutaient également parmi les hommes qui ont toujours, par tempérament, une question à adresser à la nature. — Leibniz, cet esprit supérieur du siècle passé, paya, dit-on, comme tant d'autres, son tribut de penseur à la solution du problème attrayant de l'alchimie.

Aujourd'hui encore, tout fiers que nous soyons de la dose de science exacte qui nous est échue, nous ne pouvons nous empêcher d'accompagner de regrets involontaires la brillante chimère que le ton cassant de la chimie moderne a mise en fuite. Nous interrogeons, nous implorons presque cette science moderne; nous serions ravis de trouver, dans son arsenal de raisonnements, un argument qui nous permît de crier à la fugitive : « Tout n'est peut-être pas fini, attends un peu ; arrête-toi ! »

Eh bien ! cet argument, cet atermoiement, il existe ! — Convenons qu'il est assez curieux de nous entendre dire, après tant de plaisanteries et de dédains : « Les alchimistes étaient absurdes, et néanmoins ils avaient peut-être raison ! »

Pour soutenir une assertion d'un caractère aussi paradoxal, il est nécessaire de laisser l'alchimie dans ses nuages et de recourir aux observations les plus délicates, les plus précises de la chimie tout à fait moderne.

Il n'y a pas fort longtemps, les chimistes établissaient, en principe, que les corps composés d'éléments semblables, réunis entre eux dans des proportions semblables, ne pouvaient former que des combinaisons jouissant de propriétés également semblables.

Or de nombreuses observations, faites avec toutes les ressources d'analyse dont la chimie dispose aujourd'hui, ont démontré, au contraire, qu'un certain nombre de substances, très dissemblables par leurs propriétés physiques et leur aspect, avaient une composition identique. — Ainsi, l'acide acétique ($C^4H^5O^5$) et le sucre caramélisé ($C^{12}H^9O^9$) sont composés, comme on le voit, de la même quantité de carbone, d'hydrogène et d'oxygène. Plusieurs hydrocarbures, le gaz d'éclairage, la partie solide de l'essence de rose (CH^2), ont une proportion identique de carbone et d'hydrogène ; et pourtant, de même que les précédents, le gaz et l'essence de rose ont un aspect, une odeur, très dissemblables[1].

Un terrible poison, l'acide prussique, est (à un équi-

---

1. Dans le *gaz oléfiant* on trouve divers hydrocarbures (étylène, propylène, butylène, amylène), composés d'une même proportion d'hydrogène et de carbone.

valent d'eau près?) composé de la même façon que le plus inoffensif des sels d'ammoniaque.

On a donné le nom d'*isomères*[1] à ces corps, jouissant de propriétés différentes, avec une composition identique, et l'on a cherché l'explication de cette apparente bizarrerie dans le nombre et le groupement différents des *atomes* constituant la molécule de chacun de ces corps. — Par exemple : trois carbures d'hydrogène gazeux sont composés : le premier de 12 parties de carbone et 2 parties d'hydrogène ; le second, de 24 parties de carbone et 4 d'hydrogène ; le troisième, de 48 parties de carbone et 8 d'hydrogène. Il semblerait que, restant proportionnelles, les parties constituantes de ces corps ne pussent représenter qu'un seul et unique produit ; il n'en est pourtant rien, car le premier est le gaz méthylène, le second est le gaz oléfiant, et le troisième est le gaz de l'huile.

La même remarque a été faite, non plus sur des corps composés, mais sur des corps *simples ;* le charbon et le diamant sont un exemple frappant de la différence d'aspect et de propriétés que peut produire un simple dérangement dans le groupement des atomes. Transformé en coke par la calcination, le diamant reste toujours chimiquement ce qu'il était auparavant : du charbon ; — mais ce n'est plus pour nos sens un diamant ; c'est un morceau de coke.

Plusieurs *métaux* ont des poids atomiques semblables : le cérium, le lanthane, le molybdène, l'or et l'osmium, par exemple. — Ne s'agirait-il donc plus, pour transmuter l'osmium en *or*, et réciproquement, que de trou-

---

1. Du grec ἰσομερής, composé de parties égales.

ver le moyen d'opérer un nouvel arrangement atomique dans l'un de ces métaux? « Bien que très éloigné de sa solution, réduit à ces proportions, le problème de la transmutation des métaux ne semblerait plus dépasser ce que pourra, peut-être un jour, le génie humain. »

En terminant sa huitième leçon de philosophie chimique, notre savant chimiste M. Dumas tire cette dernière déduction des singularités isomériques de certains corps :

« ..... Ces rapprochements me semblent fort piquants, et, s'il n'en sort aucune preuve de la possibilité d'opérer des transmutations dans les corps simples, du moins s'opposent-ils à ce qu'on repousse cette idée comme une absurdité qui serait démontrée par l'état actuel de nos connaissances. »

Que faut-il croire? — Supposerons-nous que nos moyens d'analyse, que nous considérons comme si parfaits, si délicats, sont encore infiniment trop grossiers pour découvrir, entre deux substances que nous croyons identiques de composition, un petit rien chimique, un insaisissable mais formidable je-ne-sais-quoi qui se rit du chimiste et de ses balances? ou bien nous abstiendrons-nous de terminer ce chapitre par ces deux mots inexorables : *Finis alchimiæ?*

CHAPITRE III

LA CHIMIE

Jean-Joachim Becher, alchimiste de la dernière heure, c'est-à-dire de l'époque où la discussion de la doctrine succéda à la soumission surperstitieuse aux formules, fut l'auteur providentiel, mais certainement involontaire, de tout le mouvement d'idées qui devait enfanter la chimie.

Il avait imaginé, vers 1660, un système d'après lequel on supposait aux métaux un principe inflammable, qui se perdait lorsque ces métaux étaient soumis à une chaleur suffisante. Le plomb, par exemple, perdait son principe inflammable en se convertissant en *chaux de plomb* (litharge).

Stahl, célèbre médecin des premières années du xviiie siècle, et qui avait, dans sa jeunesse, sacrifié aux dieux de l'alchimie, s'attacha, pour le discuter, à l'idée nébuleuse de Becher, se l'assimila et finit par lui donner, sous une autre forme et avec l'autorité de son talent, la puissance d'une théorie qui fut acceptée par les savants du xviiie siècle : la théorie du *phlogistique* (de *phlogizô*, j'enflamme).

Suivant Stahl, le phlogistique est un fluide qui existe dans tous les métaux ; qui existe surtout, et en grande abondance, dans les corps très-combustibles, tels que le charbon, le soufre, le phosphore. Dans ceux-ci, son abondance est suffisante pour que, ces substances étant chauffées à un haut degré, il devienne perceptible à l'œil sous forme de flamme. Après avoir été calcinés, les métaux avaient donc perdu leur phlogistique ; après avoir été brûlés, le charbon, le soufre, le phosphore, avaient aussi perdu leur phlogistique ; ils étaient *déphlogistiqués*.

Mais, lui objectait-on, voici un métal — du plomb — que nous calcinons pour lui faire *perdre* son phlogistique ; conduite avec soin, la calcination l'a complètement transformé « en chaux de plomb » : tout son phlogistique est donc bien perdu. Et pourtant, malgré la diminution de toute la quantité relative à cette *perte*, la chaux résultante est plus pesante que le métal originaire. — La perte de l'un des éléments constitutifs d'un composé n'implique-t-elle pas, rationnellement, la diminution en poids de ce composé ? — Nous avons pris 50 livres de plomb que nous avons déphlogistiqué, tout le phlogistique de ces 50 livres est parti ; il ne devrait donc nous rester que 50 livres *moins* quelque chose, — si peu que vous voudrez : — et au lieu de cela, nous constatons que nos 50 livres de métal sont devenues 55 livres de « chaux de plomb ». Comment expliquez-vous cette singulière augmentation résultant d'une diminution ?

« Je sais fort bien, répondait Stahl, que les métaux augmentent de poids lorsqu'on les calcine ; et ce phénomène ne fait que démontrer l'excellence de ma théorie. — En effet, le fluide phlogistique, plus léger que l'air, soulevait votre plomb qui, sans ce soutien invisible, pesait réellement 55 livres. En éliminant le phlogistique, vous détruisez cette force qui réduisait à 50 livres le poids de votre plomb, et celui-ci reprend sa pesanteur véritable. »

On se contenta de cette explication, et tout le XVIIIe siècle s'écoula avant qu'il se produisît un homme dont l'esprit droit et courageux osât se raidir contre l'autorité d'une doctrine établie, et dont le génie fût capable de créer en détruisant; un homme, en un mot, qui sût, après avoir renversé la théorie du phlogistique, lui substituer celle de l'*oxygénation*.

Il fallait naturellement, pour cela, que l'oxygène fût découvert; mais, à dater de cet instant, la chimie avait trouvé la bonne piste; et c'est à grandes enjambées que nous allons la voir regagner une partie du temps perdu par sa devancière hermétique.

Honneur donc à Priestley qui découvrit l'oxygène ! bien que ce gaz, entrevu avant lui, continuât à rester, aux yeux du physicien anglais, un *air déphlogistiqué*. Honneur surtout à notre grand Lavoisier, qui prouva enfin que l'oxygène est l'un des gaz qui constituent l'air, que celui-ci n'est pas un *élément*, et que c'est en absorbant cet oxygène que les corps, dans leur combustion, vont puiser, avec le moyen de brûler, l'augmentation de poids impossible à expliquer, d'une façon satisfaisante, par la théorie du phlogistique.

De ce jour, le phlogistique était mort, et la saine notion des *corps simples*[1] venait également mettre un terme

1. On connaît aujourd'hui 65 (?) *corps simples*, c'est-à-dire qui n'ont pas pu être décomposés: Ce nombre ne saurait être définitif, il augmente chaque jour par suite des découvertes dues à l'analyse,

à toutes les espérances de transmutation qui avaient si longtemps dévoyé l'esprit humain.

et à mesure que les moyens d'analyse se perfectionnent. Voici la liste provisoire des corps simples, divisés en métalloïdes et en métaux, en suivant l'ordre alphabétique. Nous ajoutons, à chaque corps, son *symbole* chimique et son *équivalent* (l'hydrogène étant pris pour unité).

NOMS DES CORPS.	SYMBOLES.	ÉQUIVALENTS.	NOMS DES CORPS.	SYMBOLES	ÉQUIVALENTS.
Métalloïdes.			Fer...............	Fe	56.0
—			Glucinium........	Gl	14.0
Arsenic...........	As	75.0	Ilménium.........	Il	?
Azote.............	Az ou N	14.0	Iridium...........	Ir	197.2
Bore.............	Bo	11.0	Lanthane.........	La	92.0
Brome...........	Br	80.0	Lithium	Li	13.0
Carbone	C	12.0	Magnésium........	Mg	24.0
Chlore..........	Cl	35.5	Manganèse........	Mn	55.2
Fluor...........	Fl	19.0	Mercure	Hg	200.0
Hydrogène........	H	1.0	Molybdène........	Mo	96.0
Iode.............	I	127.0	Nickel...........	Ni	59.0
Oxygène	O	16.0	Niobium..........	Nb	?
Phosphore........	Ph	31.0	Or...............	Au	197.0
Sélénium.........	Se	79.0	Osmium	Os	200.0
Silicium..........	Si	28.0	Palladium........	Pd	106.0
Soufre...........	S	32.0	Pelopium.........	Pl	?
Tellure..........	Te	128.0	Platine..........	Pt	198.0
			Plomb...........	Pb	207.0
Métaux.			Potassium	K	39.0
—			Rhodium	R	104.0
Aluminium........	Al	27.5	Rubidium.........	Rb	85.0
Antimoine	Sb	122.0	Ruthénium	Ru	104.0
Argent...........	Ag	108.0	Sodium...........	Na	23.0
Baryum..........	Ba	137.0	Strontium.........	Sr	87.5
Bismuth.........	Bi	210.0	Tantale..........	Ta	37.6
Cadmium.........	Cd	112.0	Terbium.........	Tr	?
Cæsium..........	Cs	133.0	Thallium	Th	204.0
Calcium	Ca	40.8	Thorium..........	To	119.0
Cerium..........	Ce	92.0	Titane...........	Ti	50.0
Chrome..........	Cr	52.4	Tungstène........	Tg ou W	184.0
Cobalt...........	Co	56.0	Uranium..........	U	120.0
Cuivre...........	Cu	63.5	Vanadium........	Vd	51.3
Didymium........	Di	96.0	Yttrium	Y	?
Erbium...........	Er	?	Zinc.............	Zn	65.0
Etain............	Sn	118.0	Zirconium	Zr	89.5

Ce fut en 1772 que Lavoisier constata, pour la première fois, en calcinant du soufre et du phosphore au contact de l'air (fig. 3), que c'était dans l'air que le soufre et le phosphore puisaient l'augmentation de leur poids. Deux ans après, il remarqua que le poids de l'étain, fondu en vase clos, augmentait d'une quantité égale à la diminution du poids de l'air qui existait dans ce vase clos, et dont une partie avait disparu pendant la calcination. Cette remarque importante fut sans doute un trait de

Fig. 3 — Analyse de l'air.

lumière pour Lavoisier, car on le voit recommencer immédiatement l'expérience, en prenant les plus minutieuses précautions.

Il construisit un appareil (fig. 4) qui lui permettait de mesurer exactement la perte de l'air en contact avec un métal surchauffé; et le métal qu'il choisit pour sa nouvelle expérience fut le mercure.

Lorsque le mercure eut atteint une température voisine de celle de son ébullition, Lavoisier constata qu'il se couvrait d'une pellicule rouge (oxyde de mercure), et que l'air contenu dans un ballon gradué, communiquant

avec la surface du mercure, diminuait de volume à mesure que les pellicules du mercure devenaient plus nombreuses. Après un certain temps, il remarqua encore
que le volume de l'air ne diminuait plus dans son ballon,
et que, d'un autre côté, les pellicules rouges avaient
cessé de se former sur le métal : il arrêta alors l'opération.

En examinant l'air qui restait dans le ballon, il s'aper-

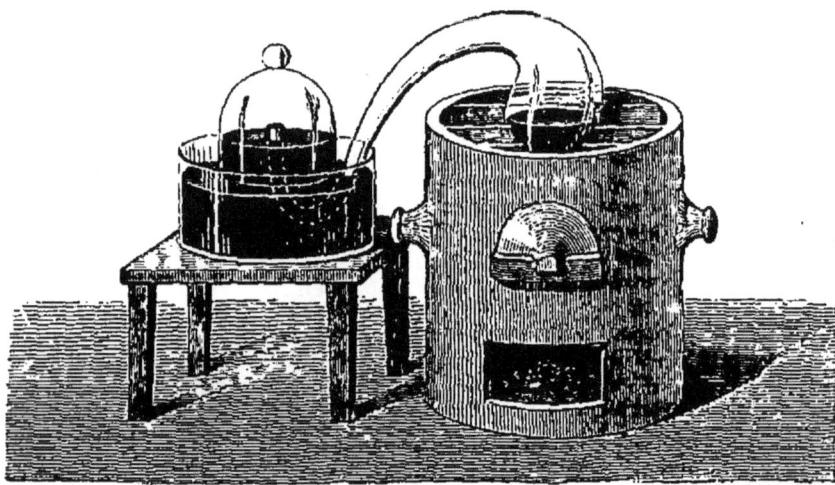

Fig. 4. — Expérience de Lavoisier.

çut qu'il était impropre à l'entretien de la vie (fig. 5) et
de la combustion, que c'était l'*aer mephiticus* de Scheele,
et il lui donna le nom d'*azote* (*a* privatif, *zoê*, vie[1]). L'es-

1. On est parfois bien tenté de croire à la prédestination. En
composant un mot qui devait signifier *destructeur de la vie* (azote),
Lavoisier ne pensait certainement pas que l'acide *azotique* serait,
un jour, le réactif qui engendrerait des substances telles que les
fulminates, la nitroglycérine, le coton-poudre. — Il savait cependant que l'*azotate* de potasse est l'élément capital de l'abominable poudre à canon, et pouvait savoir que, depuis bien longtemps,
les Espagnols désignaient les grandes calamités par le mot figura-
tif : *azote*.

pace occupé par ce gaz dans le ballon n'était plus que
les 5/6 de l'espace occupé primitivement par l'air.

Recueillant ensuite les pellicules rouges qui s'étaient
formées sur le mercure, il les soumit à une forte chaleur
qui reconstitua le métal et en dégagea un gaz tout différent du précédent, car il était éminemment propre à entretenir la combustion et la vie (fig. 6) ; il lui donna en
conséquence, le nom d'*air vital*, qu'il changea plus tard

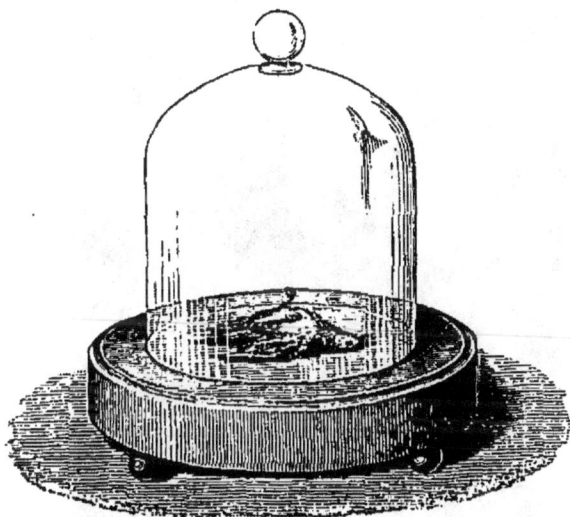

Fig. 5. — Mort d'un oiseau dans l'azote.

en celui d'*oxygène* (d'*oxus*, acide, et *génnaô*, j'engendre),
parce qu'on le croyait seul apte à engendrer les acides.

Enfin, réunissant ces deux gaz, Lavoisier constata que
leur volume total remplissait, de nouveau, la capacité
occupée, en premier lieu, par l'air dans le ballon ; et,
de plus, que cet air était reconstitué avec toutes ses anciennes qualités.

Par cette expérience concluante, Lavoisier ne découvrait pas seulement la cause vraie de l'augmentation du
poids des métaux par leur *oxygénation*, il prouvait aussi

que l'air était la réunion de deux gaz, l'azote et l'oxygène. Un grand événement venait de se produire, la chimie était née !

Ce ne fut pas cependant sans des luttes très vives que la théorie de Lavoisier parvint à supplanter celle du phlogistique ; notre grand chimiste eut, tout d'abord, pour adversaire celui dont la découverte l'avait mis sur

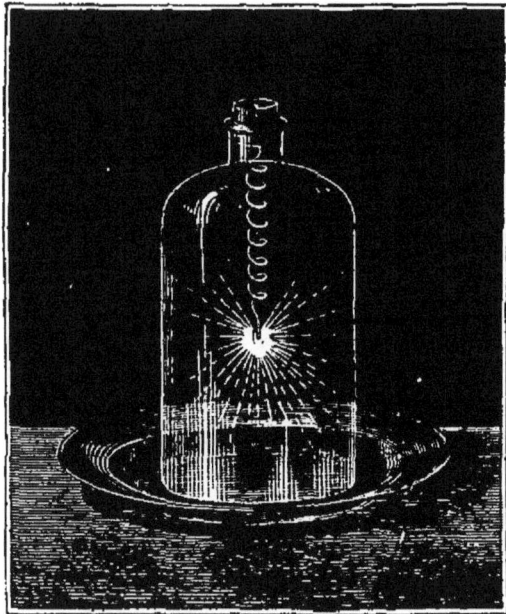

Fig. 6. — Combustion du fer dans l'oxygène.

la voie. Priestley, en effet, et avec lui Cavendish et Scheele, cet autre génie qui précéda Berzelius en Suède, Priestley, disons-nous, fit une opposition très vive aux nouvelles idées. — La lutte de Lavoisier avec les phlogisticiens atteignit quelquefois les proportions de la brutalité. C'est à Berlin, croyons-nous, que notre savant fut brûlé en effigie par les énergumènes du phlogistique. Ce n'est jamais sans de durs combats qu'un rénovateur peut procéder à la liquidation des vieilles erreurs, et leur substituer des vérités involontairement blessantes; le plus souvent il succombe à la peine.

Chacun connaît la fin tragique qui lui était réservée à lui-même, mais le phlogistique n'y fut pour rien. La hache féroce de 1794 ne voulut frapper que le fermier général, oubliant, dans son ingrate stupidité, les services rendus à l'humanité par le chimiste, et ne prévoyant pas ceux que l'homme de génie était appelé à lui rendre encore. — Mais la lumière était faite; et ce pitoyable coup de hache était aussi incapable de s'opposer à l'essor des nouvelles idées que la coupe de ciguë imposée à Socrate fut impuissante à empêcher la propagation de la saine pensée qu'il ne saurait exister qu'un Dieu.

A la jeune science il fallait un langage clair, précis, compréhensible dans tous les idiomes. Le temps était passé des cachotteries, souvent naïves, par lesquelles les alchimistes s'efforçaient de dissimuler sous des dénominations baroques les substances employées dans leurs manipulations. L'*aigle noir*, le *lion rouge*, la *neige philosophique*, le *magistère du soleil*, la *lune cornée*, etc., désignaient mystérieusement ce que nous appelons ouvertement aujourd'hui : « sulfures de mercure », « oxyde de zinc », « chlorure d'or », « chlorure d'argent », etc.

Guyton de Morveau fut l'homme qui découvrit la marche d'une nomenclature méthodique pour la chimie. Il dut peut-être à Bergmann l'idée première d'un langage chimique, mais il fut celui qui en comprit surtout l'extrême utilité — Avocat général de son métier, ce n'était qu'en amateur zélé qu'il étudiait et professait la chimie; il s'aperçut bientôt, dans le cours de ses leçons, combien la tâche lui était rendue fatigante par l'emploi qu'il devait faire de mots obscurs, souvent grotesques, et dont le moindre inconvénient était d'obliger le professeur à s'arrêter à chacun d'eux, pour en expliquer le sens.

Il lui vint alors à la pensée de trouver, pour chaque substance, un mot construit de telle façon que, désarticulé, il exprimât la qualité et la quantité des corps constituant cette substance. — Son idée devait être accueillie avec empressement par Lavoisier qui ne marchanda pas son concours à une réforme dont il attendait, avec raison, les résultats les plus féconds; n'ignorant pas ce que peuvent des mots clairs et faciles dans la propagation d'une science, Fourcroy et Berthollet furent également les collaborateurs de Guyton de Morveau.

On commença par répudier tous les noms planétaires, appliqués aux métaux par les alchimistes. L'or, l'argent, le cuivre, le plomb, le fer, l'étain, cessèrent de s'appeler Soleil, Lune, Vénus, Saturne, Mars et Jupiter; le mercure seul conserva son nom astronomique, peut-être comme un dernier hommage rendu à la mémoire du divin Hermès.

Le mécanisme du langage chimique fut simplifié ensuite d'une façon très intelligente : de modestes particules grecques, *proto, deuto, trito,* ajoutés au mot « oxyde », désignaient, par exemple, le degré d'oxydation d'un corps. — Ainsi, le plus faible degré d'oxydation du cuivre est clairement indiqué par les mots *protoxyde de cuivre,* le suivant : *deutoxyde de cuivre,* etc. Remarquons que, pour désigner les mêmes substances, on aurait dit sans doute auparavant : *Vénus légèrement déphlogisti-*

*quée; Vénus passablement déphlogistiquée; Vénus extrê-
mement déphlogistiquée :* ce qui nous semblerait manquer de précision et prêter à rire.

La constitution d'un langage chimique universel n'est
donc pas un des moindres titres de gloire que peut revendiquer le génie français de la fin du siècle passé. —
Si la chimie moderne est l'œuvre française de l'illustre
Lavoisier, c'est encore un Français, Guyton de Morveau,
qui la prit au berceau et eut l'honneur de lui apprendre
à parler.

Le grand événement scientifique qui signala les dernières années du dix-huitième siècle mit un terme à la
confusion et à l'obscurité qui régnaient depuis quinze
cents ans; il méritait certes d'être relaté, car ses suites
ont été merveilleuses. Mais sortir des limites d'une
énonciation, dont le but est uniquement de faire apprécier l'importance de cet événement, serait nous entraîner dans une voie pédagogique qui nous éloignerait,
sans profit pour personne, de l'objet de ce livre. Nous
nous bornerons donc à indiquer brièvement les éclatants
services rendus, à l'enfance de la chimie, par les
continuateurs immédiats de Lavoisier.

Dalton et Berzelius complétèrent les premières données de la science que, chacun dans sa sphère, Lavoisier
et Guyton de Morveau avaient si brillamment mises au
jour : Dalton, en établissant la loi des *proportions multiples* et des *atomes;* Berzélius, en dotant cette loi d'une
notation graphique des plus ingénieuses.

Deux mille trois ou quatre cents ans auparavant, Leucippe, philosophe grec, maître de Démocrite, avait établi que les corps étaient formés, dans la nature, par une
infinité d'*atomes* doués d'un mouvement éternel. Épi-

cure, deux siècles plus tard, avait adopté la même théorie, qu'il avait étudiée dans les œuvres de Démocrite.

Reprenant la thèse soutenue par Leucippe et ses disciples, Dalton considéra la matière, sous ses diverses
formes, comme une réunion de *molécules*, chacune de
celles-ci étant, de son côté, une réunion d'*atomes*. Identiques de nature dans les corps simples, dissemblables
dans les corps composés, ces atomes sont associés, con-
jugués, groupés, suivant des règles et des proportions
diverses[1].

Berzelius imagina de représenter l'atome d'un élément
par l'initiale d'un nom de cet élément : ainsi S indique
l'atome du soufre, O celui de l'oxygène ; et si plusieurs
atomes d'un même élément font partie d'une combinaison, la lettre initiale (le symbole) de cet élément est
affectée d'un coefficient qui détermine le nombre de
ces atomes. L'acide sulfurique étant composé d'*un* atome
de soufre (S) et de *trois* atomes d'oxygène (O^3) est
formulé : SO^3 ; le peroxyde de fer étant composé de
2 atomes de fer (Fe^2) et de 3 atomes d'oxygène (O^3) est
formulé : Fe^2O^3.

Cette ingénieuse notation, qui permet de lire et d'écrire
rapidement la langue chimique, n'est certainement pas
l'œuvre capitale du grand chimiste suédois ; mais elle
est évidemment celle dont l'utilité journalière est la
plus facilement appréciable.

Quelques années auparavant, Berthollet avait établi
la loi qui régit la double décomposition des sels, étudiée,

1. Regrettant de ne pouvoir l'expliquer ici, nous engageons le
lecteur à prendre connaissance du remarquable travail de M. Gau-
din : *Réforme de la chimie minérale et organique, au moyen de la
mécanique des atomes.*

à la fin du siècle dernier, par Wenzel, modeste chimiste allemand, dont les utiles travaux sont restés· longtemps dans l'obscurité. Ce principe, connu aujourd'hui sous le nom de *loi de Berthollet*, est très clairement résumé par M. F. Hoefer[1] de la manière suivante :

« Si deux sels quelconques A et B, dissous dans l'eau, sont mêlés ensemble, et que, par leur réaction, il puisse se former dans la liqueur un sel soluble et un sel insoluble, ou deux sels insolubles, les mêmes sels, A et B, se décomposeront toujours, c'est-à-dire que l'acide de l'un s'emparera de la base de l'autre, et réciproquement, à moins qu'il ne puisse se former un sel double soluble, ce qui arrive rarement.

« Voilà l'énoncé qui s'appelle la loi de Berthollet. C'est moins une loi que l'expression d'un fait général, qui présente quelques exceptions. »

Si, par exemple, vous versez une dissolution de *sulfate* de potasse dans une autre dissolution de *nitrate* de baryte, vous voyez, à l'instant même, un précipité blanc, insoluble, se former : c'est du *sulfate de baryte*.

Par leur double décomposition, l'acide sulfurique (du sulfate de potasse) a déplacé l'acide nitrique (du nitrate de baryte *soluble*) pour former, avec la baryte, un sel *insoluble* (sulfate de baryte). Et l'acide nitrique ainsi que la potasse, restés libres, se sont combinés pour former un [nouveau sel *soluble*, le nitrate de potasse.

De même que les deux dissolutions originaires, la nouvelle dissolution de nitrate de potasse est *neutre*, c'est-à-dire que l'acide nitrique et la potasse se sont

---

1. Dans son excellent livre : *la Chimie enseignée par la biographie de ses fondateurs.*

rencontrés, en proportions exactes, pour former un sel neutre. Il n'y avait ni excès d'acide, ni excès d'alcali, attendu que les quantités de potasse et de baryte qui neutralisent une même quantité d'acide sulfurique prennent exactement la même quantité d'acide nitrique pour se neutraliser. Ce principe, une fois établi, a été fécond en résultats; son application est incessante dans les réactions qui intéressent les arts chimiques.

Après Berthollet, Davy, Gay-Lussac, Dumas, Liebig et tant d'autres, dont les noms resteront éternellement inscrits au Panthéon de la science, vinrent également, chacun à son heure, ajouter une lumière de plus au phare étincelant allumé par le génie de Lavoisier. L'*analyse* devint, entre leurs mains, un formidable instrument de défrichement, qui fertilisa d'une façon inouïe le sol encore vierge que foulait la jeune chimie[1].

Aussitôt que les premiers procédés d'analyse furent découverts, ils ne tardèrent pas à devenir plus nombreux et à se perfectionner. Nous étions dévorés d'une fièvre de curiosité d'autant plus ardente que nous avions été plus longtemps en face d'un coffre-fort jusque-là inviolé, qui renfermait les secrets de la nature. Aussi, que n'avons-nous pas demandé à l'analyse? combien de problèmes lui avons-nous posés et qu'elle a résolus!

La magnifique découverte de « l'analyse spectrale » (fig. 7), par Bunsen et Kirchhoff, semble porter au delà du possible la puissance d'investigation du génie humain. Ce n'est plus seulement à la matière terrestre qu'il adresse des questions, il s'en va fouiller les espaces

1. Voy. l'*Histoire de la chimie* de Hoefer, la *Philosophie chimique* de Dumas, l'introduction au *Dictionnaire de chimie* de M. Wurtz

sidéraux; il oblige, par exemple, le soleil, ce monde
d'*or* suivant les croyances alchimiques, à confesser que
son énorme sphère ne contient peut-être pas, en tout,
l'or nécessaire pour dorer une pilule d'*alcahest*.

Après cela, la curiosité doit être, sinon rassasiée, du
moins fortement émoussée; car un revirement semble,

Fig. 7. — Spectroscope, analyse spectrale.

depuis quelque temps, s'opérer dans les idées. L'analyse avait démembré, désarticulé, disséqué la matière;
après son intervention, tout était connu, mais tout était
détruit. Une nouvelle ambition s'empare alors des
esprits : on veut reconstituer.

Avec deux volumes d'hydrogène et un volume
d'oxygène, qui étaient les *débris* gazeux de l'analyse

de l'eau, on reconstitue cette eau (fig. 8); mais ceci est trop simple. On reconstitue l'urée; M. Berthelot reconstitue l'alcool, les éthers, les acides gras si complexes, etc.

Que ne va-t-on pas découvrir dans cette voie semée d'obstacles, mais pleine d'attraits! Que n'est-on pas en droit d'espérer de la *synthèse*, que la nature, dans son

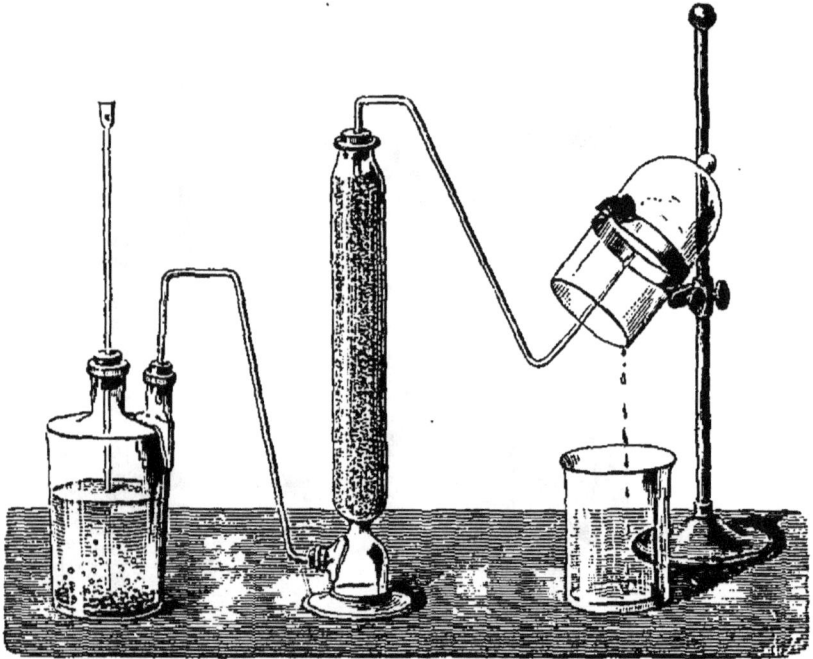

Fig. 8. — Synthèse de l'eau.

travail incessant, pratique du reste ouvertement sous nos yeux! Détruire et reconstituer, telle est, effectivement, la loi naturelle qui régit le mouvement, c'est-à-dire la vie.

Aujourd'hui la Chimie, s'appuyant sur sa sœur, la Physique, avance d'une manière continue, progressive, vers un but dont la distance est encore ignorée, mais sur lequel il n'est plus déraisonnable de porter ses re-

gards, bien qu'il soit la réalisation d'espérances autrement ambitieuses encore que les rêves les plus extra-
vagants des chercheurs d'or de l'alchimie. — Tandis
que l'alchimie se bornait à promettre le *far niente* de
l'opulence à un seul, chacune des découvertes de la
chimie apporte au trésor commun son contingent de
richesse vraie, et avec lui une somme proportionnelle
de *bien-être général.*

Un bien-être matériel plus facile, voilà la seule
solution du problème qui bouleverse notre société
actuelle. La question du salariat n'a jusqu'ici conduit
à rien; on s'y agite dans le faux et dans le vide.
Que signifient un travail moins prolongé et un sa-
laire plus élevé, si le pain continue à être proportionnellement cher et s'il est aussi rare? si le logis
mal chauffé, mal éclairé, toujours hanté par l'ignorance et la grossièreté, est fatalement déserté pour le
cabaret?

Une production infiniment plus grande de toutes les
choses nécessaires à l'existence, obtenue avec une
somme de travail musculaire infiniment moindre, tel
est le problème que les deux dompteurs de la matière,
la Physique et la Chimie, se chargent de résoudre;
elles ne vous demandent qu'un peu de temps pour y
parvenir. N'ont-elles pas déjà fait leurs preuves? ne
vous ont-elles pas donné la vapeur, l'électricité, le
gaz : la force, la vitesse, la lumière? pourquoi ne
vous donneraient-elles pas également l'abondance des
aliments?

Lorsque vous posséderez cela, lorsque vous cesserez
d'être écrasés de fatigues purement musculaires, lorsque
le travail abrutissant de vos corps, qui ne laisse aucun

répit au travail de l'intelligence, sera, en grande partie, débarrassé de ses tortures, vous cesserez de maudire ce travail que vous trouvez aujourd'hui détestable, stérile, flétrissant. Lorsque, en vous créant quelques loisirs, la science vous aura donné, avec le temps de vous instruire, le désir de développer vos instincts naturels du beau et du vrai, vous cesserez de regarder la société d'un œil haineux et jaloux, vous cesserez de puiser stupide-ment dans le pétrole l'*ultima ratio* de vos revendi-cations farouches. La populace aura fait son temps : vive le peuple!

Mais il est grand temps de sortir de nos rêveries, de laisser le futur pour le présent; il est temps de quitter les régions nuageuses de l'avenir pour le domaine plus solide des faits accomplis; de nous occuper un peu de toutes les « merveilles » que, pour sa part, la chimie a déjà réalisées.

Nous n'avons que l'embarras du choix, car elles four-millent, ces merveilles : par laquelle commencer?

Suivrons-nous un ordre chronologique? commence-rons-nous par le commencement? — Il n'y en a pas?

Ou bien, obéissant à notre tempérament, nous lais-serons-nous aller au courant, aux caprices des pen-sées, peu méthodiques par nature, qui mènent notre plume?

Notre plume...! une plume d'*acier*! notre choix est fixé.

II

LA SIDÉRURGIE

———

CHAPITRE I

LE FER ET LA FONTE

Affectant un grand nombre de nuances, depuis le noir sombre des peroxydes hydratés manganésifères du Rancié, jusqu'au blanc presque pur des minerais spathiques de Vera ; tantôt jaune, tantôt brun, ou bien encore d'un rouge de sang qui lui vaut alors le nom de sanguine, le minerai de fer est répandu sur toute la surface de notre planète.

Bien partagés sont les pays dans lesquels ce précieux minerai se rencontre en masses concentrées, qui en permettent l'exploitation ; plus enviables encore sont les contrées où le minerai et le combustible se trouvent réunis, comme en Suède, par exemple, dont les mines de Danemora, de Persberg, etc., sont à proximité d'iné-

puisables forêts de sapins ; comme en Angleterre, où le
blackband, carbonate des houillères, se rencontre au
milieu même du charbon qui va le transformer en fer,
et à quelques mètres de l'argile réfractaire avec laquelle
on construit les appareils nécessaires à cette transformation.

Le fer est devenu le plus utile de tous les serviteurs
de l'homme ; c'est uniquement dans le fer que l'humanité trouve les moyens de réaliser les conceptions grandioses enfantées par son génie. N'est-ce pas un fil de fer
qui lui donne aujourd'hui la faculté de transmettre, en
quelques instants, l'expression de sa pensée des rives de
la Tamise aux bords du Gange? qui trace à cette pensée une route incroyable à travers les vallées mystérieuses des profondeurs de l'Océan, et qu'elle parcourt
cependant avec la rapidité de la foudre? N'est-ce pas
au fer que nous demandons ces voies sur lesquelles
glissent rapidement, et les richesses de notre industrie, et les hommes qui les produisent et les con-
somment? n'est-ce pas au fer que nous demandons
la charrue qui laboure et la serpe qui moissonne;
que nous demandons l'ancre du navire et souvent
le navire lui-même ; que nous demandons la sonde
qui va, dans les profondeurs du sol, intimer aux eaux
l'ordre de remonter à la surface: que nous demandons, en un mot, la plupart des moyens pour dompter
la matière, pour la rendre souple et soumise devant
notre volonté?

Bonté divine ! nous lui demandons aussi le sabre du
soldat et la mitrailleuse féroce de son maître!

La consommation du fer augmente-t-elle en raison directe des progrès de la civilisation, ou bien est-ce la

civilisation qui progresse en raison directe de la consommation du fer? Ces deux manières d'envisager la question peuvent être également adoptées, Lorsque le fer n'existait pas encore, la race humaine était, physiquement et moralement, dans l'état le plus misérable ; elle était également peu nombreuse ; car la nature, qui fonctionne toujours dans un ordre et un équilibre parfaits, ne saurait accorder une grande fécondité à une espèce animale, sans lui reconnaître, à l'avance, des aptitudes et des ressources suffisantes pour assurer sa conservation.

C'est aux métaux natifs, beaucoup plus rares que le fer, au cuivre et à l'étain, qu'en raison de la facilité de leur extraction, cette première race déshéritée s'adressa d'abord pour fabriquer ses premiers instruments maniables de chasse et de culture ; le bronze lui suffit pendant cette période qui succéda à la période de la pierre. — Un jour, sans doute, quelqu'un de ces métallurgistes primitifs aura trouvé un minerai de fer extrêmement riche, facilement réductible et que le hasard, cette divinité bienfaisante, lui aura fait placer au milieu de son feu, dans de bonnes conditions pour sa réduction. Celle-ci lui aura révélé alors une partie des qualités métalliques qui distinguent le fer.

D'essais en essais, nos pères arrivèrent probablement à obtenir de petites loupes, qui étaient forgées sur la pierre avec un marteau de bronze, et qui étaient le résultat du traitement de minerais très riches, à gangues très fusibles, dans un foyer ouvert, analogue à ces petits *foyers à orientation*, dont on trouve encore quelques traces sur la crête des montagnes, et qui avoisinent les gisements des plus riches minerais.

Ces foyers (fig. 9) consistaient en une cuve conique, construite avec les matériaux de la localité, et dont le bas, qui peut être considéré comme le cendrier de l'appareil, avait deux ouvertures *orientées* dans la direction des vents dominants. Suivant que le vent soufflait dans le sens d'une de ces ouvertures, on bouchait l'autre ;

Fig. 9. — Fourneau à orientation; forgeurs primitifs.

l'air, sollicité d'ailleurs par le tirage de l'appareil, n'avait donc d'autre issue que la cuve de ce fourneau, qu'il traversait avec d'autant plus de vitesse, qu'il était fourni par un vent plus violent.

Nous avons vu les derniers vestiges d'un de ces « foyers à orientation » sur une montagne des Asturies, voisine d'un gisement d'hématite rouge très-riche. Les scories également très-riches qui se rencontrent là témoignent de l'imperfection du procédé métallurgique; et leur faible quantité nous a fait supposer que les « forgeurs » de l'époque ne s'arrêtaient dans une localité que pendant le temps nécessaire à la consommation des bois les plus immédiats. Lorsque, par son éloignement, le combustible devenait d'un transport trop difficile, on levait le camp, l'établissement était abandonné, et on allait en asseoir un autre dans une nouvelle contrée boisée. Cette époque des « foyers à orientation » est donc également celle de la *métallurgie nomade* du fer.

Le bois et le minerai étaient chargés dans ces cuves par couches alternatives, et suivant que le vent soufflait plus ou moins fort, le minerai passait entièrement à l'état de silicate, ou bien, sa réduction ayant été complète, une partie du fer arrivait, sans trop de mésaventures, dans le bas de l'appareil, débarrassé de la gangue, et pouvait être recueilli à l'état métallique. Il est aisé de comprendre que ce fer devait être très-impur, et aussi irrégulier que le vent qui l'avait produit : peu de vent, et conséquemment une marche très-lente, devait produire du fer carburé analogue à l'acier Wootz, qui était obtenu, dans l'Inde, par un procédé analogue ; un vent plus vif, arrivant après, produisait un fer plus doux, et la *loupe* résultante ne pouvait être que l'agglomération, par soudage, de ces diverses qualités de fer.

Tout informe qu'il fût, ce fer dut rendre de grands services, et son emploi se généralisa sans doute de plus en plus, car il arriva un moment où l'on abandonna les fourneaux à tirage naturel pour les fourneaux à *vent forcé* qui élaboraient de plus grandes quantités de fer, et dont la production devint beaucoup plus régulière.

Il est présumable que le vent forcé fut d'abord fourni par des soufflets, ou plutôt par des outres que des hommes gonflaient et vidaient successivement ; puis on imagina des caisses dans lesquelles se mouvait un piston plus ou moins jointif ; et enfin, la consommation du fer devenant chaque jour plus importante, on demanda à l'eau une force motrice à laquelle les bras de l'homme ne pouvaient plus suffire ; les fourneaux, cessant alors d'être nomades, allèrent s'immobiliser au pied des chutes d'eau. — On entrait dans la période des « usines ».

Par le fait de l'impossibilité où l'on se trouvait dès lors de se rapprocher du combustible au fur et à mesure de son épuisement, celui-ci devint de plus en plus coûteux, et il y eut intérêt à perfectionner le traitement métallurgique dans le sens d'un plus grand rendement. Les *forges catalanes* sont probablement la première étape de cette révolution dans l'industrie du fer, car elles se rapprochent, par le côté métallurgique et par la forme du foyer, des anciens fourneaux orientés, tandis que les *stukofen* allemands, pères des *flussofen*, sont déjà un acheminement vers la production de la fonte et l'affinage de celle-ci.

Les forges catalanes, comme l'indique leur nom, appartiennent essentiellement à toute la contrée pyrénéenne qui sépare l'Océan de la Méditerranée.

Une dizaine de siècles se sont écoulés avant que l'on abandonnât graduellement la fabrication du fer par son extraction directe du minerai, pour se lancer dans la voie des hauts fourneaux et de l'affinage de la fonte, qui répondaient, par une production infiniment plus importante, à des besoins de jour en jour plus pressants.

Cette longue période mérite d'autant plus que l'on s'y arrête un instant, que la métallurgie des forges catalanes, malgré ses longs et honorables services, ne sera bientôt plus qu'à l'état de souvenir confus. Il existe encore quelques-unes de ces forges, notamment dans le département de l'Ariége, mais elles s'éteignent les unes après les autres. Déjà l'extension donnée aux « forges à l'anglaise » avait occasionné le plus grand préjudice à ces modestes établissements; l'entrée à peu près libre des fers de Suède leur a porté le coup mortel. Profitons donc des derniers instants de cette industrie moribonde pour examiner sommairement son principe ainsi que ses moyens de production.

Dans un feu catalan, le vent est fourni par un appareil bizarre que l'on nomme *trompe*, et dont la description n'appartient pas à notre sujet. Il y pénètre par une embrasure ménagée de façon à permettre une forte inclinaison à la tuyère. L'inclinaison de la tuyère est une grosse affaire; c'est d'elle que dépendent en partie la qualité et l'action chimique des gaz produits par la combustion : si le *canon de bourrec* est trop *plongeant*, le vent « pique » dans la loupe; le fer est brûlé, la loupe est rongée, le feu *rimme*, et l'oxygène de l'air étant absorbé par le fer, ne peut plus donner naissance à l'acide carbonique qui, par sa conversion ultérieure en oxyde de carbone, opère la réduction du minerai; et celui-ci, incomplétement réduit, se convertit en silicate de fer et passe dans le *carrail* (laitier). Si, au contraire, le canon de bourrec est trop *rasant*, l'air lancé par la trompe passe au-dessus de la loupe et celle-ci échappe à l'action mécanique et affinante du vent, qui a également pour mission de souder, sous sa pression, les particules de fer qui descendent dans le fond du foyer.

Placer convenablement le canon du bourrec n'est donc pas une petite affaire; l'ouvrier qui est chargé de ce soin dans une forge catalane est un personnage fort important; on le nomme *foyé*. Il faut voir avec quelle gravité et quel mystère certains foyés arrêtent ou modifient l'inclinaison d'une tuyère. La paroi du creuset (fig. 10) par laquelle pénètre la tuyère se nomme *les*

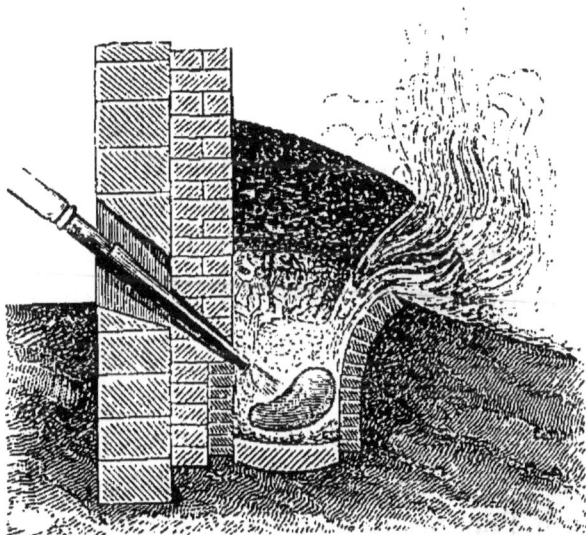

Fig. 10. — Feu catalan.

porges; la paroi qui lui fait face se nomme l'*ore*; celle du fond, la *cave*; enfin celle de devant, et au bras de laquelle se trouve le trou de *chio*, se nomme *laiterol*.

Un gros mur sépare la trompe du creuset; la tuyère, pour arriver dans le creuset, traverse ce gros mur, qui s'appelle *fousinal*, et son pied est protégé contre l'action du feu par un petit mureau qui se nomme *piech del foc* ou encore *souc del miey*.

Nous trouvons à tous ces noms une saveur d'antique

métallurgie montagnarde; c'est pour cela seulement que nous les transcrivons ici, car ils ne sont pas indispensables à la suite de notre récit.

Le creuset s'appuie donc sur le fousinal par la face des porges, et il reste accessible par les trois autres côtés. Une banquette en terre battue, formant terre-plein au niveau du creuset, se relie au sol de la forge (dont elle est séparée par une hauteur de 80 centimètres environ) par une petite rampe assez raide; elle facilite beaucoup l'extraction du *massé*.

Le massé est ce que partout ailleurs on nomme la *loupe*. — Ce mot est répété des milliers de fois par jour dans une forge catalane; on n'y parle pas d'autre chose que du massé; et c'est, positivement, la chose la plus intéressante pour cette bonne race d'ouvriers montagnards, qui a conservé, en partie, les vieilles mœurs du travailleur honnête d'autrefois.

L'*escola*, que nous allons voir fonctionner dans un instant, est, parmi eux, celui que la question du massé touche de plus près; son amour-propre, ce puissant mobile que l'on ne rencontre que très rarement chez l'ouvrier du Nord, son amour-propre est en jeu. Rater un massé est pour lui un événement aussi pénible que peut l'être, pour un député, un défaut de mémoire ou un *pataquès* qui métamorphose en sourires persifleurs les applaudissements que lui promettait un beau mouvement oratoire.

Aussi, lorsque vous entrez dans la forge, vous n'avez qu'à regarder la figure de l'escola pour savoir comment va le massé. Quand le massé donne de belles espérances, si vous passez à côté de cet ouvrier, ses yeux cherchent les vôtres; il meurt d'envie de vous dire joyeusement, en montrant des dents qui éclatent de blancheur au milieu d'un visage noir de charbon, luisant de sueur :

— *Va pla, moussu, lou massé!* (Il va bien, monsieur, le massé!)

Mais si ce diable de massé doit être petit, léger, n'approchez pas de l'escola; vous êtes suffisamment renseigné par sa mine renfrognée; l'atmosphère qui vous entoure est d'ailleurs pétillante d'innombrables *foc del cel!* (feu du ciel!), son interjection favorite, qui le soulage énormément, paraît-il, dans ses moments de déveine.

Quatre hommes sont employés à produire et à étirer un massé, dont l'élaboration totale dure six heures. Ces quatre hommes sont divisés en deux groupes distincts : le *foyé* ou le *maillé* avec son *piquemine* cinglent et étirent le fer au marteau; ils ne s'occupent pas de la partie métallurgique de l'opération. Celle-ci appartient tout entière à l'*escola* et à son *valet*, qui n'interviennent dans le forgeage qu'en réchauffant le fer qui doit aller au marteau. — Ils sont remplacés par un autre poste de quatre hommes, qui viennent les relever lorsque le massé est terminé; ils reprennent ensuite le travail à leur tour, et le roulement est établi. Les forgeurs à la catalane fournissent donc, par jour, douze heures de travail.

Cette organisation étant comprise, nous allons suivre, en retranchant beaucoup de détails qui n'appartiennent pas à la métallurgie, l'élaboration d'un massé, depuis sa mise en train jusqu'à son cinglage.

Aussitôt que le massé précédent a été retiré, et pendant que le *piquemine* le cingle sous le gros marteau, le nouvel escola qui prend le poste procède à la mise en marche d'un nouveau *feu*. A cet effet, il retire du creuset, encore très chaud, ce qui reste de charbons en ignition; il détache ensuite, de la pierre de fond, les scories adhésives, et il y rejette enfin les charbons incandescents.

Puis, au moyen d'une large pelle plate qu'il y introduit de champ, il établit, dans le creuset, une cloison qui le divise en deux parties inégales, dont la plus spacieuse doit être du côté de la tuyère (les porges). Le valet d'escola remplit alors la partie comprise entre cette pelle et l'ore (le contrevent), avec du minerai cassé en morceaux de la grosseur d'une noix, et immédiatement il remplit de charbon l'autre capacité, du côté de la tuyère.

Par suite de cet arrangement, qui est observé jusqu'au complet remplissage du creuset, le minerai se trouve séparé de l'action directe du vent par une épaisse couche de charbon. On continue le chargement du minerai, et celui-ci atteint bientôt le niveau supérieur de l'ore, sur laquelle on dépose alors la quantité nécessaire pour compléter les 400 kilogr. de minerai qui vont produire le massé.

Un épais mortier de poussier de charbon (brasque) a été préparé d'avance, et lorsque les 400 kilogr. de minerai ont été soigneusement placés, en dos d'âne, sur le bord de l'ore, on les recouvre d'une couche bien tassée de cette brasque mouillée; on achève ensuite de remplir le creuset de charbon et, cela fait, on donne le vent.

Dans les commencements de la mise en marche, on modère le vent, de manière à ne pas élever brusquement la température au point de vitrifier le minerai et de l'agglomérer avant sa réduction. On cherche seulement à le maintenir pendant quelque temps au rouge sombre, température suffisante pour sa réduction, qui s'opère par la réaction de l'oxyde de carbone. Celui-ci résulte de la transformation de l'acide carbonique produit dans la première zone du vent, lorsque, sortant de cette zone, il filtre à travers une nouvelle couche de charbon incandescent avant d'atteindre le minerai.

L'oxyde de fer ne se réduit pas intégralement; il en reste à l'état de protoxyde, qui se combine à la silice de la gangue pour former, avec l'alumine et la chaux de cette gangue, un silicate qui fond et vient occuper le bas du creuset. Les premiers morceaux de minerai, réduits et débarrassés de la gangue, viennent également se réunir au fond du creuset, et constituent ce que l'escola appelle le *principe*. C'est le premier noyau métallique, autour duquel de nouveaux fragments de fer vont venir se grouper et se souder.

On augmente bientôt le vent, et l'on profite du temps nécessaire à la réduction des 400 kilogr. de minerai, pour réchauffer, au milieu des charbons, le fer brut résultant du cinglage du massé précédent.

Cependant l'escola a fait jeter, par son valet, et à diverses reprises, des basquettes de *greillade* sur les charbons du creuset. On appelle « greillade » du minerai réduit en grésillons et en poudre grossière sous le choc du marteau.

Cette greillade, jetée ainsi au milieu du creuset, passe rapidement à travers la couche de charbon, mise en continuel mouvement par l'action du vent; elle n'a donc pas le temps de se réduire, et c'est presque en totalité qu'elle se convertit en *carrail* (laitier) très riche, qui vient, dans le fond du creuset, baigner le massé, l'épurer et l'enrichir, en ce sens qu'il protége la surface du fer contre l'action rongeante du vent. Il arrive un moment où, trop abondant, ce carrail envahit le creuset, s'oppose à la réunion des parcelles de fer, soulève le massé et le rapproche de l'action oxydante de la tuyère.

Trauqua![1] crie alors l'escola à son valet qui s'est oublié, en rêvant, appuyé sur son ringard, à sa jolie Françouse..., à la promesse qu'elle lui a faite de l'épouser après le tirage au sort!... ou bien à autre chose.

Trauqua! foc del cel! hurle cette fois-ci l'escola, qui perd patience.

Le valet se hâte (adieu, Françouse!) d'enfoncer la pointe de son ringard dans le *chio*. Une ouverture est pratiquée, et l'on voit apparaître, dans l'obscurité, comme la tête d'un serpent de feu, dont le corps s'allonge ensuite, et qui glisse, lent et visqueux, sur le sol noir de la forge. D'autres fois, plus liquide, le carrail s'élance avec impétuosité par l'issue qui lui est faite, et forme un ruisselet incandescent qui coule avec vivacité.

Lorsque tout le minerai lui paraît réduit, l'escola introduit, à diverses reprises, un ringard derrière ce minerai qui se trouve, on se le rappelle, du côté de l'ore; il le pousse graduellement vers la tuyère, dont il a aussi augmenté le vent : sous sa pression, tous ces fragments se soudent avec le massé en voie de formation. En augmentant la force du vent, l'escola a eu soin de multiplier les charges de charbon et de greillade.

Cependant la dernière mesure de charbon a été chargée et se consume; le creuset n'est plus aussi rempli; l'opération touche à sa fin. Il arrive un moment où il n'y a plus qu'à rechercher les morceaux isolés uio

1. Perce

errent dans le fond du creuset, et les pousser contre le
massé, afin qu'ils y adhèrent. L'escola monte alors sur
la banquette, et, avec son ringard, il racle la pierre de
fond, il la balaye ; de là, peut-être, le nom de *balejade*
donné à cette dernière opération. Lorsqu'elle est terminée, on ferme le vent, le massé est complet ; mais il
s'agit encore de l'extirper du fond du creuset. Remarquons qu'il pèse parfois 200 kilogr., et que sa température est celle du blanc éblouissant.

Souvent il adhère très fort. (*foc del cel!*) à la pierre
de fond ; il est alors nécessaire de l'en arracher. A cet
effet, on introduit, par le trou du *chio*, un long ringard
pointu, très gros et résistant. Lorsque sa pointe est suffisamment engagée sous le massé, sa tête est relevée par
une cale qui forme point d'appui près du chio, et l'on
s'efforce alors, par quelques secousses produites avec
les bras, de décoller le massé ; mais souvent ces premiers
efforts sont impuissants.

Dans ce cas (fig. 11), le piquemine et le valet d'escola
quittent leurs sabots, grimpent sur l'extrémité du levier,
prennent leur équilibre, et par des mouvements de jarret
cadencés et de plus en plus violents, impriment au
massé des secousses qui finissent par le décoller. —
Pendant ce travail acrobatique, l'escola, monté sur la
banquette, s'efforce, de son côté, de lever la queue du
massé. Lorsque celui-ci a été enfin détaché par devant,
il s'empresse de passer son ringard sous la partie sou-
levée, pour l'empêcher de retomber, et la maintient
dans cette position pendant que l'on augmente la hauteur du premier point d'appui, afin de produire une
seconde pesée, qui amènera le massé au niveau du
bord supérieur du laiterol. Cela fait, le massé est à hau-

Fig. 11. — Forges catalanes, extraction d'un massé collé.

teur convenable : le *foyé* intervient alors. Avec un long crochet, il saisit le massé par derrière, et, en le tirant violemment, il le force à venir se poser sur l'arête du laiterol; l'escola, toujours sur la banquette, n'a plus ensuite qu'à le culbuter, d'une pesée de son ringard, sur le sol de la forge, et avec des crochets, on le conduit au gros marteau qui va le cingler.

Cette opération est extrêmement pénible, pour l'escola surtout, dont tout le haut du corps est penché au-dessus du creuset qui lui décoche, à bout portant, les milliers de dards de sa chaleur épouvantable. — Pour garantir ses yeux, il a rabattu, autant qu'il l'a pu, la visière de sa casquette; il a mouillé les *peilles* (chiffons) qui entourent ses bras, et permettent à ses mains de supporter la chaleur réverbérée par le creuset; mais, malgré toutes ces précautions, il est soumis, pendant quelques minutes, à un supplice comparable à celui de Guatimozin.

Lorsque tout est fini, que le massé qui lui coûte tant d'efforts est pesé (il lui manque au moins dix livres, *foc del cel!*), il étanche la sueur qui l'inonde, et va s'étendre sur la paille du *crambotte*. — Il s'y endort au bruit du marteau qui « étire » *son* massé... « auquel il manque dix bonnes livres... pour le moins... mais ce n'est pas sa faute... c'est la faute à cet animal de valet, qui n'a pas fait couler le carrail... quel dommage! aujourd'hui *la mene foun coume greich!...*[1] »

Il est aisé de comprendre pourquoi la consommation

1. « Le minerai fond comme de la graisse. » — Voyez, pour de plus amples détails sur les forges catalanes, les ouvrages spéciaux de M. François, inspecteur général des mines, et de M. T. Richard, ingénieur civil.

du charbon est considérable dans le traitement du fer au feu catalan ; la plus grande partie des gaz engendrés par le précieux combustible végétal s'échappe, en pure perte, de ce creuset qui s'ouvre, à gueule bée, immédiatement au-dessus de la tuyère. Le peu qu'il en soit utilisé, dans la réaction chimique qui doit convertir le peroxyde de fer en protoxyde, puis ce protoxyde en fer métallique, trouve également de nombreuses issues dans la couche de brasque qui devrait l'enfermer ; et il s'en échappe une partie, avant que la réduction du peroxyde soit complète. — Elle s'arrête sur beaucoup de points au protoxyde ; celui-ci est avidement absorbé par le silicate naissant de la gangue, et forme, avec lui, des laitiers tellement riches, qu'il est présumable que, dans un avenir plus ou moins éloigné, on trouvera moyen de les reprendre et de les utiliser, au même titre que des minerais d'un rendement satisfaisant.

Il était donc rationnel d'obliger ces gaz à donner leur effet utile, en les concentrant, à leur sortie du creuset, dans une capacité renfermant des couches successives de minerai, et au travers desquels ces gaz fussent obligés de passer et de réagir avant de s'échapper dans l'atmosphère : c'est ce qu'a fait M. Chenot, fils d'un métallurgiste que nous aurons à citer dans la question de l'acier.

Respectant le principe de conversion directe du minerai en fer, M. E. Chenot a couvert le creuset du feu catalan d'une cuve semblable à celle des hauts fourneaux, et dans laquelle le minerai et le charbon nécessaire à sa réduction et à son soudage sont chargés par couches alternatives. — Les gaz du creuset doivent donc traverser ces couches successives, avant de trouver une

issue libre par le gueulard; et ils ont tout le temps nécessaire, après avoir opéré le *soudage* du fer dans le
creuset, de *fondre la gangue* à un étage plus élevé (les
étalages), puis de *réduire* le peroxyde de fer à l'étalage
supérieur, et enfin de *griller* le minerai dans la partie
élevée de la cuve.

Utilisés de cette manière, les gaz font quelquefois descendre la consommation de charbon des forges catalanes de 3 à 1. — Il nous est arrivé, en effet, aux forges
de Laramade, où le nouveau procédé était établi, de
produire 100 kilogr. de *fer* (brut) avec un peu moins de
100 kilogr. de charbon de bois. Pour produire la même
quantité de fer, un feu catalan aurait consommé plus
de 300 kilogr. de ce combustible[1].

La partie mécanique de l'opération est également très
améliorée dans le système de M. E. Chenot. Le creuset
en pierre du feu catalan y est remplacé par un *creuset
mobile* en fonte, que l'on retire à la fin de chaque massé.
L'extraction de celui-ci cesse donc d'être entourée des
difficultés et des tortures dont nous avons plus haut
donné une faible idée.

Ajoutons que, toutes les réactions s'opérant dans un
appareil complètement clos, l'escola n'est plus incom-
modé par la chaleur et les gaz du creuset catalan. —
Une surveillance continue est également moins urgente;
et, jusqu'à un certain point, le valet de l'escola pourrait

---

1. Voici les consommations proportionnelles du système catalan
et du système de M. Chenot, pour la production de 100 kilogr. de
fer étiré :

	SYSTÈME CATALAN.	SYSTÈME CHENOT.
Minerai.	522 kilogr. . . .	340 kilogr.
Charbon	350 —	111 —
Houille pour l'étirage du fer brut.	0 —	80 —

songer à Françouse sans compromettre gravement le
résultat de l'opération et le poids du massé.

Un minerai pauvre, ou à gangue très réfractaire, serait impropre au traitement dont nous venons de parler.
Dans le système catalan, aussi bien que dans le système
Chenot, un minerai riche, à gangue fusible, tel que celui du Rancié[1] ou du Canigou, est indispensable. Les minerais pauvres, ou ceux auxquels il faut ajouter un fondant, la *castine* (carbonate de chaux), s'ils sont trop
siliceux, ou l'*argile* (silicate d'alumine), s'ils sont trop
calcaires, sont seulement applicables au traitement par
les hauts fourneaux, dont nous allons nous occuper
dans un instant.

En dehors de son infériorité au point de vue du prix
de revient, de l'exclusion obligatoire de la plupart des
minerais, le système catalan présente encore l'inconvénient fort grave d'une production très limitée, qui n'est
plus en rapport avec les nouveaux besoins de l'industrie.
Les quatre opérations pratiquées, en vingt-quatre heures, dans un feu catalan, ne produisent que 600 kilogr.
de fer environ, soit 3 500 kilogr. par semaine ; et cette
production, soit partielle, soit totale, ne saurait être
augmentée par des dimensions plus grandes données à
l'appareil. Un massé ne peut guère peser plus de 200 kilogr., et l'on ne saurait en produire plus de quatre dans
les vingt-quatre heures.

Cette faible production élève un obstacle insur-
montable à l'établissement des moyens modernes de
forgeage, dont les frais seraient hors de toute proportion

---

1. Le minerai du Rancié, très sensiblement manganésifère, a un
rendement d'environ 50 pour 100 dans les hauts fourneaux, et de
30 pour 100 seulement dans les feux catalans.

avec les faibles quantités de fer brut à élaborer. A moins de grouper une douzaine de feux catalans dans le même atelier, on ne concevrait pas, par exemple, la raison d'être d'un *laminoir*, qui ne peut être véritablement un outil économique de forgeage qu'à la condition d'avoir à étirer une quantité de fer proportionnelle à l'importance de ses frais d'établissement, de sa main-d'œuvre et de son entretien. L'étirage du fer, dans une forge catalane, reste donc ce qu'il a toujours été, imparfait, pénible et improductif.

Il n'en est pas moins vrai que cette méthode de fabrication du fer s'est maintenue jusqu'à nos jours; les qualités spéciales de ce fer, dans son application aux outils de l'agriculture, le font préférer — en raison de sa résistance plus grande à l'usure — au fer moins coûteux, mais plus mou, produit par le puddlage de la fonte. Le cultivateur de quelques contrées du Midi est, du reste, le seul client qui soit resté fidèle au fer catalan; la grande consommation s'alimente aujourd'hui dans les forges importantes qui produisent le fer au moyen du puddlage de la fonte, et qui, à cause de l'origine de ce système de métallurgie du fer, se sont appelées fort longtemps *forges à l'anglaise.*

Nous avons donné quelque extension à la description des forges catalanes, parce que ces petits établissements, perdus dans les gorges des Pyrénées, sont bien rarement visités; leur fonctionnement est ignoré de la plupart des lecteurs, et puis ils nous inspirent l'intérêt que l'on porte habituellement aux derniers représentants des races éteintes, cet intérêt que Cooper a si bien su développer dans son admirable épopée du *Dernier des Mohicans.* Nous ne saurions en dire autant des grandes

usines modernes, implantées un peu partout. Accessibles
à tout le monde, elles excitent l'admiration dans tous les
esprits qui savent apprécier les résultats grandioses
obtenus par le génie humain; mais elles échappent à un
intérêt purement sentimental.

Les usines modernes, construites en vue d'une production considérable, comportent un ou plusieurs *hauts
fourneaux*, munis de *souffleries*, un nombre relatif de
fours à puddler, et enfin tout l'outillage usité pour le cinglage et l'étirage du fer : *fours à réchauffer, marteau-
pilon, laminoirs, cisailles*, etc.

Nous supposerons que tout le monde a vu l'extérieur d'un haut fourneau; et nous nous bornerons à
en décrire les parties intérieures, dans lesquelles se
produisent les réactions, qui seules, intéressent notre
sujet.

Un haut fourneau, quelles que soient ses dimensions,
se divise en trois parties principales : la *cuve*, les *étalages* et l'*ouvrage* (fig. 12).

La *cuve* est un cône tronqué, très allongé, dont la
large base vient s'appuyer sur celle d'un autre cône
tronqué, mais renversé, et infiniment plus court que le
premier, les *étalages*. A première vue, on s'aperçoit que
la forme de la cuve a pour objet de favoriser la descente
des charges de minerai et de combustible, tandis que
celle des étalages a la mission inverse de modérer cette
descente.

La petite base du cône des étalages devient, à son
tour, la grande base d'un cône tronqué renversé, plus
court de moitié que celui des étalages. Mais, infiniment moins évasée, sa forme se rapproche de celle d'un
cylindre; c'est l'*ouvrage* (O). La petite base de l'ouvrage

débouche enfin dans un espace H, indifféremment cir-
culaire ou rectangulaire, qui se nomme *creuset*, et dans

Fig. 12. — Haut-fourneau.

lequel la fonte vient se réunir. L'ouverture supérieure du
haut fourneau porte le nom de *gueulard*.

6

Cette description sommaire suffira pour localiser les diverses transformations du minerai pendant son passage dans le haut fourneau. Nous allons les examiner successivement, et, pour cela, nous supposerons que le haut fourneau est en plein fonctionnement, en bonne allure, et que l'on s'apprête à y introduire par le gueulard une charge dont il importe de connaître d'abord la composition. Approchons-nous donc du gueulard.

Dans le wagonnet que nous avons sous les yeux, et dont le contenu va être culbuté dans la trémie du gueulard, nous remarquons trois substances distinctes : du *coke*, du *minerai* et une matière qui n'est autre chose que du carbonate de chaux, et qui prend, avec cette destination spéciale, le nom de *castine*.

Le *coke* employé dans les hauts fourneaux n'est pas le premier coke venu ; ce n'est pas, par exemple, le coke léger et friable résultant de la fabrication du gaz d'éclairage ; c'est, au contraire, un coke dense, résistant, dur, et provenant de houilles aussi propres, aussi exemptes de soufre que possible. — La *cokéfaction* de ces houilles exige des soins particuliers ; elle doit être conduite lentement, pour éviter les boursouflements. La même houille cuite dans le même appareil de cokéfaction donnera un coke dur et lourd, si sa cuisson a été lente et graduée ; elle donnera un coke friable et léger, si elle a été menée rapidement et fortement chauffée. On a remarqué, également, que l'épaisseur de la couche de houille influe beaucoup sur la dureté du coke résultant de sa distillation ; c'est en vain que l'on prolongerait la durée de la cuisson, si l'épaisseur de cette couche était faible ; le coke serait léger, caverneux ; ce serait de l'*échaudé*, comme disent les cokeurs du pays de Galles.

Nous ne savons s'ils appellent l'autre du *plum-pudding*.

Fort souvent, le *minerai* est un mélange de fer oxydé et de *silice* ou d'*argile*; celle-ci est elle-même un mélange de silice et d'alumine. Tout ce qui, dans ce minerai, n'est pas oxyde de fer, se nomme *gangue*; et cette gangue doit nécessairement être séparée de l'oxyde qu'elle enveloppe; c'est seulement par la fusion que l'on peut industriellement opérer cette séparation.

Or l'expérience et les analyses ont démontré que, pour qu'un silicate soit aisément fusible, il est nécessaire que l'oxygène de la silice soit à l'oxygène total des bases qui entrent dans ce silicate comme 3 est à 2, et qu'il était utile de multiplier ces bases. Un silicate monobasique, tel que le kaolin, est réfractaire; si on y ajoute de la chaux, il devient vitrifiable.

L'analyse de la gangue du minerai que nous avons sous les yeux ayant signalé l'absence ou l'insuffisance de l'élément basique, on ajoute dans chaque charge du haut fourneau une quantité complémentaire de chaux nécessaire pour former le silicate polybasique désirable. En l'absence de cette chaux complémentaire, la silice, toujours avide de combinaison, irait chercher dans le protoxyde de fer la base qui lui ferait défaut; et le minerai se trouverait appauvri d'autant. Telles sont donc les raisons qui déterminent l'adjonction de la chaux au mélange de coke et de minerai. Chacune de ces trois matières est dosée suivant la règle que nous venons d'énoncer (le coke en quantité suffisante pour réduire l'oxyde, carburer le fer et le fondre ainsi que la gangue), et leur réunion constitue ce que l'on appelle le *lit de fusion.*

Nous remarquons tout d'abord, au gueulard, une fermeture dont nous aurons à nous occuper dans un instant, car son objet est on ne peut plus intéressant. Cette fermeture a pour mission de s'opposer à la libre sortie, par le gueulard, des gaz utilisables, et à les obliger à se diriger vers des points où leurs qualités combustibles sont mises à profit. Les travaux de notre savant compatriote Ebelmen, en France, et ceux de MM. Bunsen et Playfair à l'étranger, relatifs à l'utilisation des *gaz perdus* des hauts fourneaux, ont eu pour résultat d'apporter une très notable économie dans la fabrication du fer. Nous y reviendrons tout à l'heure.

La charge que l'on a introduite par le gueulard est venue remplacer dans le haut de la cuve l'espace qu'occupait la charge précédente, descendue à un niveau inférieur. La nouvelle charge ne tarde pas à s'échauffer; l'eau, *interposée* dans le coke, le minerai et la castine, s'évapore, et donne lieu à de petites décrépitations. — La charge descend graduellement, elle atteint un niveau où la température est élevée au rouge sombre, et où l'oxyde de carbone constitue plus du tiers, en volume, des gaz de plus en plus chauds. A cette température les matières qui ont déjà perdu leur *eau de carrière* perdent alors leur eau d'*hydratation*, si elles en contiennent; l'acide carbonique du calcaire se dégage, et la *castine* ainsi que le calcaire constitutif du minerai sont transformés en *chaux*. La gangue du minerai se désagrége sous l'influence de la chaleur, et aussi par le mouvement moléculaire résultant de la réduction progressive du peroxyde de fer.

La charge descend toujours. L'oxyde de carbone achève la réduction du fer, qui se trouve alors à l'*état spongique*; car les trois atomes d'oxygène qui constituaient, avec les deux atomes de fer, la molécule de peroxyde de fer, se sont portés sur l'*oxyde de carbone* (le réducteur), l'ont transformé en *acide carbonique*, et les deux autres atomes de *fer* restant isolés, l'ancienne molécule est disloquée.

Dans ce nouvel état de division extrême, le fer est avide d'une autre combinaison, et il en trouve les éléments immédiats dans le *carbone* du coke, avec lequel il forme un *carbure de fer* lorsque la charge, après être encore descendue, a rencontré la température du rouge vif, qui est celle de la cuve à la naissance des étalages.

D'excessivement faible qu'elle était, la fusibilité du fer est devenue facile par sa transformation en carbure de fer, en *fonte*; celle-ci se liquéfie, abandonne la gangue, sa terne défroque, et, nouveau papillon, glisse, brillante et vivace, à travers les charbons éblouissants qui, sous l'action du vent, tourbillonnent dans l'*ouvrage* et le pied des étalages. Elle arrive enfin goutte à goutte dans le *creuset*, où elle forme un bain incandescent.

Elle a acquis, dans la dernière période de sa course, en traversant l'ouvrage, une température effrayante qui la maintient longtemps à l'état liquide dans le creuset. De son côté, la silice de la gangue ayant perdu, par le départ du protoxyde de fer, son principal élément de vitrification, cherche à le remplacer, et trouve la *chaux* de la castine qui, s'unissant avec elle et l'alumine, forme un silicate double, fusible, qui coulé à son tour dans le creuset, où sa faible densité le maintient au-dessus du bain de fonte, qu'il protége contre l'action oxydante du vent; c'est le *laitier*.

Le creuset, avons-nous dit, est une cavité qui fait suite à « l'ouvrage » dont la capacité se remplit peu à peu de fonte; elle se remplit beaucoup plus rapidement de laitier, car le volume de celui-ci est ordinairement cinq ou six fois supérieur à celui de la fonte, et si on ne lui donnait pas un écoulement fréquent, son niveau monterait jusqu'à la hauteur des tuyères et les engorgerait.

Mais on a prévu le cas, et l'on a eu soin de ménager, pour le laitier excédant, à un certain niveau dans le creuset, un déversoir qui lui permet de s'écouler au dehors. Dans ce but, une des parois du creuset est fermée par une pièce mobile A nommée *damm* (en hollandais : digue) qui laisse un espace vide entre sa face supérieure et la partie correspondante de l'ouvrage qui se nomme *tympe*. Lorsque le laitier atteint la crête de cette digue, il passe par-dessus et s'écoule sur un plan incliné; il ne saurait donc plus arriver jusqu'au niveau des tuyères.

Lorsque, par suite de son accumulation, la fonte approche de la hauteur de la crête de la damm, on la fait également couler par un *trou de coulée* qui se trouve ménagé vers le pied de la damm, et qui est solidement bouché, pendant la fonte, par un tampon d'argile que l'on enlève, à coups de ringard, lorsqu'il s'agit de faire une coulée. De petits canaux ont été tracés dans le sable qui constitue le sol de l'usine; ce sont les moules dans lesquels la fonte va prendre, en se solidifiant, la forme de *gueuses* sous laquelle nous la connaissons.

Le laitier, ce *caput mortuum* du minerai de fer, est fréquemment examiné par l'ingénieur ou le maître fondeur, qui surveille la marche d'un haut fourneau. Il observe, fréquemment aussi, la couleur et la nature de la flamme à la tympe, au gueulard; l'aspect des tuyères; le plus ou moins de rapidité dans la descente des charges; mais, ce qui complète, ce qui détermine le diagnostic porté sur l'allure du haut fourneau, c'est l'examen des laitiers. En observant les autres symptômes de cette allure, on a déjà de précieuses indications sur la marche de l'opération; on a fait tirer la langue du malade; en examinant les laitiers, on lui tâte le pouls: on est fixé.

Quand vous voyez des laitiers d'une transparence laiteuse, coulant facilement, d'une nuance blanc gris après leur solidification, ayant une cassure légèrement saccharoïde, vous pouvez être tranquille, tout va bien Mais, s'ils coulent péniblement, avec des boursouflures en forme d'ampoules; si leur couleur est jaune foncé, bleue ou verte; si surtout elle est d'un brun de rouille, soyez alors certain que le haut fourneau est en allure froide; il est grand temps d'augmenter la dose de coke, car la réduction de l'oxyde de fer a été incomplète, il en passe beaucoup dans les laitiers.

Les laitiers, par leur extrême abondance, sont souvent une cause d'embarras dans les usines; on finit par ne savoir plus où les déposer. Il y a quelque trente ans, on avait trouvé le moyen d'en tirer un excellent parti : à leur sortie du haut fourneau, ils étaient recueillis dans des moules qui leur donnaient la forme d'une dalle, et on les portait immédiatement dans des fours à recuire.

Un *recuit* prolongé transformait leur nature vitreuse et cassante; elle devenait *amorphe*, et donnait à ces dalles la solidité et la résistance à l'usure que peut avoir le granit; elles en avaient aussi l'aspect. Nous ne savons ce que cette bonne idée est devenue.

Laissons le laitier refroidir comme il l'entendra, et reprenons un instant, mais en sens inverse, le chemin que nous venons de parcourir, car nous avons négligé un grand nombre de réactions chimiques, dans notre empressement à suivre le minerai dans ses différentes métamorphoses. Nous allons donc rentrer dans le haut fourneau; nous y pénétrerons par le bas, par le creuset, et nous remonterons vers le gueulard.

Le vent arrive au bas de « l'ouvrage », poussé avec force par des machines soufflantes très puissantes (fig. 15), généralement mues par la vapeur. Il arrive froid, et doit conséquemment absorber une notable quantité de la chaleur développée dans l'ouvrage, avant d'en acquérir la température; c'est alors un supplément de combustible qui doit faire les frais de cette élévation de température dans l'air injecté. L'idée vint naturellement de préchauffer l'air à sa sortie des souffleries, de façon à ne l'introduire dans l'ouvrage qu'à la température de 250 à 300°; et l'on acquit ainsi la possibilité de fondre des gangues plus réfractaires, d'employer des cokes plus durs et d'en diminuer la consommation. Mais ces avantages sont balancés par une moindre qualité dans la fonte; les réactions avec l'*air chaud* ne sont plus ce qu'elles étaient avec l'*air froid*, qui exige une plus grande quantité de combustible, fournissant nécessairement une plus grande quantité de gaz qui réagissent plus efficacement dans le centre et le haut de la cuve, en y développant une température mieux répartie, plus élevée. Les diverses réactions qui transforment le minerai sont donc plus calmes, plus méthodiques, lorsque l'on fait usage de l'air froid; elles sont sans doute préférables, puisque le fer résultant du puddlage des fontes à l'air froid est de meilleure qualité que celui qui est extrait des fontes à l'air chaud. Les forges anglaises ne manquent jamais d'établir cette distinction, dans leurs prospectus ou prix courants.

Le vent, disions-nous, pénètre dans le haut fourneau par le bas de « l'ouvrage ». Sa vitesse, ou, si l'on aime mieux, son débit par les tuyères, est calculé de façon

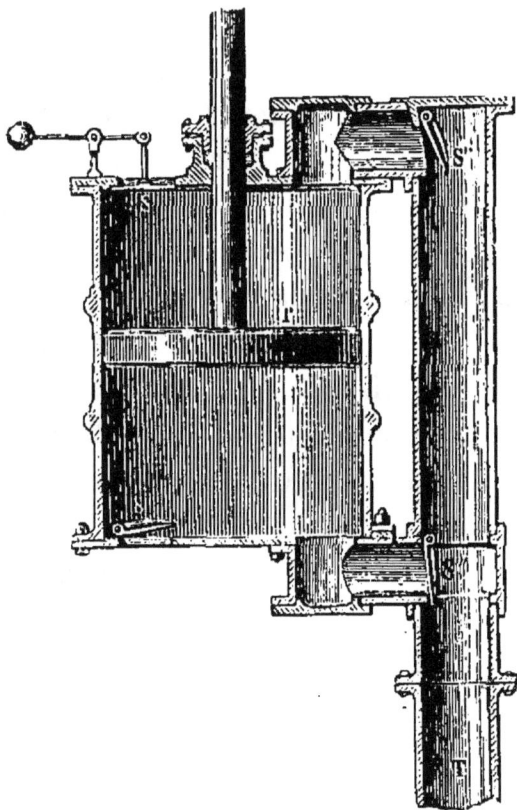

Fig. 15. — Soufflerie.

à fournir toute la quantité d'oxygène nécessaire aux diverses réactions dans un temps déterminé, et aussi à lui donner une pression qui lui permette de traverser les couches épaisses du lit de fusion. Une formule empirique établit que le volume du vent injecté, *par minute*, dans un haut fourneau, doit être égal à la capacité de ce haut fourneau, lorsque l'on veut une allure rapide. Ainsi, un haut fourneau dont la capacité serait de 100 mètres cubes devrait recevoir, par minute, environ 96 mètres cubes de vent, à 20 centimètres de pression au ventimètre.

En arrivant dans « l'ouvrage », l'air, contenant encore intégralement ses 21 pour 100 d'oxygène, rencontre le charbon à son plus haut degré d'incandescence; il se transforme en *acide carbonique*, en développant une partie de la chaleur que produit la combustion du carbone dans l'oxygène, et le charbon achève de s'épuiser.

Le vent, en montant dans les « étalages », n'est plus composé que d'azote et d'acide carbonique; mais celui-ci, se trouvant alors en contact avec des charbons très ardents, leur cède un atome d'oxygène et descend au premier degré d'oxydation du carbone; il devient de l'*oxyde de carbone*. Par suite de cette réaction, son volume primitif a doublé, et il y a eu une grande absorption de chaleur. Du rouge blanc, la température descend au rouge.

Remontant toujours dans la cuve, l'oxyde de carbone rencontre l'oxyde de fer, auquel il prend, comme nous l'avons dit, trois atomes d'oxygène pour redevenir acide carbonique en quantité proportionnelle. Cet acide carbonique régénéré se joint à celui qui s'est dégagé du carbonate de chaux; et de toutes ces réactions il résulte enfin un mélange gazeux composé, en chiffres ronds, de 57 d'azote, 29 d'*oxyde de carbone*, 11 d'acide carbonique et 2 d'*hydrogène*. (provenant du coke imparfaitement carbonisé). C'est avec cette composition que les gaz arrivent au gueulard, c'est-à-dire avec une grande valeur combustible.

Il était naturel de chercher à recueillir ces gaz et à
utiliser leur pouvoir calorifique ; et pourtant, on leur
a permis pendant de longues années de se perdre inutilement dans l'atmosphère. Il a fallu que l'aiguillon de
la concurrence s'en mêlât et fît une obligation de l'économie en toutes choses, pour que l'idée si simple de faire

Fig. 14. — Utilisation des gaz perdus.

servir les *gaz perdus*, soit à la production de la vapeur,
soit au chauffage de l'air, soit au puddlage, fût suggérée
aux industriels. Divers essais furent tentés, et l'on s'est
généralement arrêté au système suivant (fig. 14).

Lorsque l'on veut introduire une charge dans le haut
fourneau, on la verse circulairement dans la trémie T
et on laisse descendre le cône C. — Le minerai, le coke
't la castine suivent, dans leur chute par éboulement,

une direction qui les répartit sur le pourtour de la cuve,
ce qui constitue une bonne manière de charger. Le cône
est immédiatement remonté après la chute de la charge,
il bouche de nouveau l'orifice du gueulard ; et les gaz
reprennent, par le tuyau G, leur course, un instant moins
rapide en raison de la moindre pression dans l'appareil,
pendant l'ouverture du gueulard. Quand ils arrivent dans
les foyers qu'ils doivent alimenter, on fournit à l'oxyde
de carbone et à l'hydrogène qu'ils renferment la quantité d'air, c'est-à-dire d'oxygène, nécessaire à leur combustion. On a calculé que, par cette utilisation des gaz
d'un haut fourneau de première grandeur, on produisait
par jour une économie de combustible équivalente à
10 000 kilogrammes de houille.

Revenons maintenant à notre fonte, qui a eu le temps
de refroidir.

La fonte se divise en trois classes : la fonte *blanche*,
la fonte *grise* et la fonte *truitée*, qui participe un peu
des deux autres classes.

La fonte blanche renferme souvent moitié moins de
carbone que la fonte grise ; elle est surtout appliquée à
l'affinage, c'est-à-dire à sa conversion en fer ; et on la
nomme alors *fonte d'affinage*.

La fonte grise contient jusqu'à 5 pour 100 de carbone ;
elle est moins dure, moins cassante, plus apte à prendre
les formes du moule ; on s'en sert surtout pour les
pièces de fonte mécaniques qui exigent de la ténacité,
pour les canons, etc. ; on l'appelle *fonte de moulage*, et
elle est de première ou de seconde fusion, suivant qu'elle
est moulée en sortant du creuset du haut fourneau, ou
que, après son coulage en *gueuses*, elle est refondue au
cubilot ou au four à réverbère (fig. 15).

Fig. 15. — La fonte au cubilot.

On a remarqué que les fontes phosphoreuses sont plus liquides, et se moulent, par conséquent, mieux que celles qui ne le sont pas ; elles sont donc préférées pour le moulage des objets de très faible épaisseur ; elles seraient d'ailleurs de la plus mauvaise qualité pour être transformées en fer.

A combien d'objets et d'ustensiles divers n'applique-t-on pas la fonte de moulage ?

> Sera-t-il Dieu, table ou cuvette?

aurait dit notre fabuliste, en regardant un morceau de minerai tomber dans le gueulard d'un haut fourneau !

Réaumur, qui n'a pas été aussi heureux dans ses recherches sur l'*Art de convertir le fer en acier*, doit être considéré comme l'auteur du procédé d'adoucir la fonte, de la transformer en ce que l'on nomme aujourd'hui la *fonte malléable.*

« Si l'on s'en rapporte à la tradition des ouvriers, dit Réaumur, c'est un secret qui a été trouvé et perdu plusieurs fois. »

La fonte acquiert de la malléabilité par un recuit très prolongé au milieu de matières oxydantes : peroxyde de fer en poudre, carbonate de chaux, etc. Le peroxyde de fer abandonne alors au carbone de la fonte un atome d'oxygène ; l'acide carbonique du calcaire en fait autant ; et le carbone brûle en laissant le fer, qui reprend la plus grande partie de ses propriétés. — On applique aujourd'hui la « fonte malléable » à une foule d'objets de serrurerie, bouclerie, etc., qui ne sauraient être en fonte cassante.

Les fontes d'affinage, en dehors de 2 à 5 pour 100 de carbone, contiennent souvent une certaine quantité de

soufre ou de phosphore, et toujours, en plus ou moins
grande proportion, du *silicium*.

Quelques millièmes de soufre et de phosphore suffisent pour donner au fer une mauvaise qualité. — La
présence d'une très petite quantité de phosphore retire
au fer *froid* toute sa ténacité, il devient extrêmement
cassant ; mais elle lui donne aussi une singulière propriété : le fer phosphoreux est le seul qui soit propre à
faire le *mors* des cannes de verrier ; le *mors* est l'extrémité du tube que l'ouvrier plonge dans le verre fondu,
pour « cueillir » le verre.

Lorsque ce mors de canne est fait avec un fer au bois
de bonne qualité, à peine est-il entouré de verre pâteux,
que l'on voit celui-ci se couvrir de bulles, d'ampoules
qui peuvent atteindre la grosseur d'une noix ; si le verrier persistait à se servir de cette canne, tous les objets
qu'il soufflerait seraient criblés de bulles plus ou moins
grosses, de « bouillons de canne ». — Avec un mors en
fer phosphoreux, ce singulier phénomène ne se manifeste pas.

Le fer phosphoreux se travaille bien à chaud ; mais à
froid il est tellement cassant, avons-nous dit, qu'un coup
de marteau très modéré suffit pour rompre un bout de
barre de la grosseur de deux doigts. Sa cassure présente
de grandes facettes.

Le fer sulfureux est, au contraire, assez résistant à
froid, mais n'a aucune consistance à la température du
forgeage : il est *rouverin*.

Le soufre et le phosphore qui retirent ainsi, à la fonte,
la propriété de produire du fer de bonne qualité, proviennent ou du minerai, ou du combustible ; quelquefois
ils ont ces deux origines réunies. — On n'a pas encore

trouvé un moyen efficace, industriel, pour débarrasser
radicalement les mauvaises fontes de la présence de ces
deux métalloïdes; il est donc nécessaire, lorsque l'on
veut produire des fontes d'affinage, d'apporter le
plus grand soin dans le choix du combustible et du minerai.

.Le *silicium*, que l'on rencontre presque toujours dans
les fontes d'affinage, provient de la réduction d'une certaine quantité de silice de la gangue du minerai par le
contact du *fer naissant* à l'état spongique. — Cette réaction s'obtient facilement, en petit, en chauffant suffisamment, dans un creuset brasqué, un mélange d'oxyde de
fer et de silice en gelée; le culot de fonte analysé donne
jusqu'à 2 centièmes de silicium. Mais le silicium n'est
pas aussi persistant, dans la fonte, que le soufre et le
phosphore ; on parvient beaucoup plus aisément à s'en
débarrasser dans l'opération d'affinage qui a pour objet
la transformation de la fonte en fer.

C'est par voie d'oxydation que l'on élimine le carbone
et le silicium contenus dans la fonte. Cette opération se
fait maintenant, en une seule fois, dans un four à réverbère qui porte le nom de « four à *puddlage bouillant* »
(fig. 15). Lorsque la fonte est amenée à l'état liquide
dans ce four, par brassage répété on met toutes ses parties en contact avec l'air, l'oxygène de celui-ci transforme le carbone de la fonte en acide carbonique qui
s'échappe de l'état gazeux ; et le silicium se transforme
en silice ou acide silicique, qui s'unit à une certaine
quantité de fer qui n'a pu échapper à l'oxydation, formant avec lui des scories qui sont rejetées.

Un procédé plus radical, dû à M. Nasmyth, a été essayé, pendant quelques années, en Angleterre, et a donné

de très bons résultats [1]. Voici en quoi il consiste
(fig. 17).

Dans le bain de fonte, et à l'aide d'un ringard creux,
mis en communication avec un géné-
rateur, on injecte des filets de vapeur
d'eau à haute pression. En pénétrant
dans le métal en fusion, ils y déterminent une ébullition violente, et à la

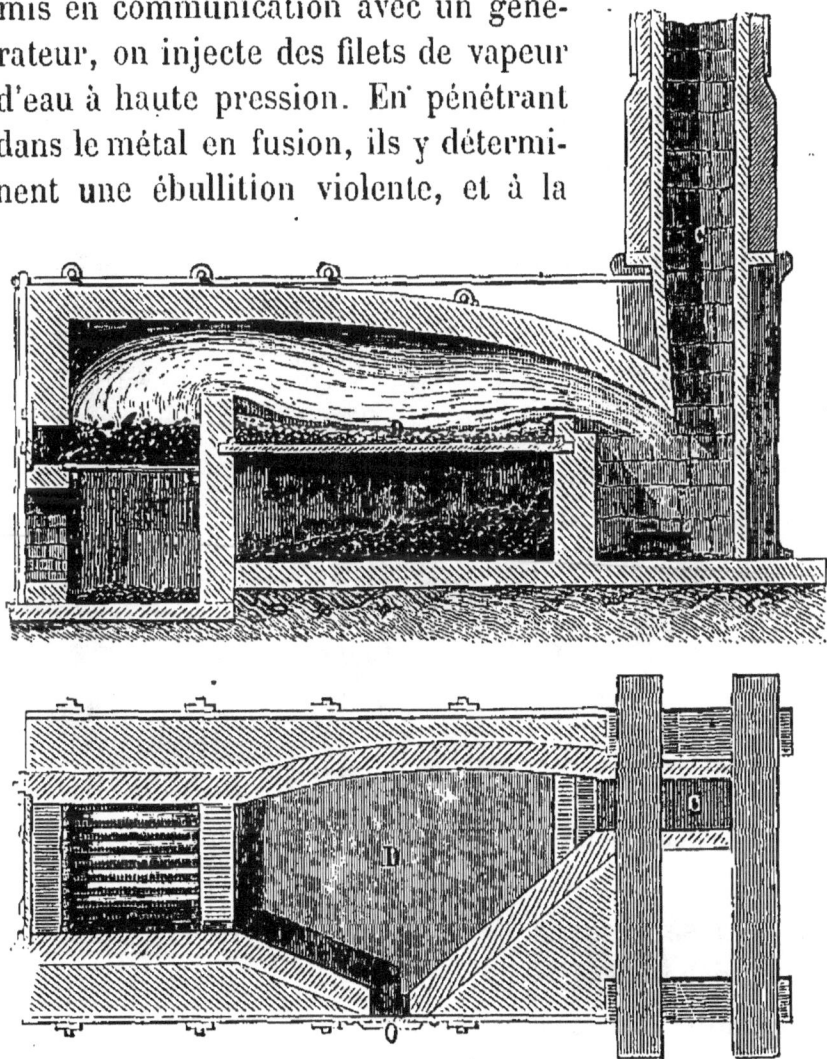

Fig. 16. — Four à puddler.

température excessive du métal, cette vapeur se décompose; mais son oxygène, au lieu de s'unir au fer, se

1. Le refroidissement trop rapide de la fonte, résultant de la dé-

porte sur le carbone et le silicium, qu'il transforme en acide carbonique et en silice. D'un autre côté, l'hydrogène résultant de la décomposition de l'eau forme, avec le phosphore, le soufre et l'arsenic qui peuvent se trouver dans la fonte de l'hydrogène phosphoré, sulfuré, etc.,

Fig. 17. — Puddlage par la vapeur (système Nasmyth).

qui s'en séparent à l'état gazeux, et le fer affiné s'en trouve débarrassé.

Un autre mode d'affinage de la fonte, qui porte le nom de son inventeur, M. Bessemer, est basé sur l'emploi de l'air *forcé*, dans l'intérieur d'un bain de fonte. L'oxygène fourni par la décomposition de l'eau, dans le

composition de la vapeur d'eau, a fait abandonner, croyons-nous, ce système de puddlage.

procédé de M. Nasmyth, est pris dans l'air injecté, par
M. Bessemer. — Si on néglige (on aurait tort de les négliger) les excellentes conditions de l'appareil imaginé
par M. Bessemer, on voit que l'origine de l'oxygène est
la seule chose qui établisse entre les deux procédés une
différence au point de vue chimique. L'air ne coûte rien,
tandis que la vapeur d'eau coûte toujours quelque chose :
ce serait là un avantage pour le procédé Bessemer ; mais,
d'un autre côté, à la suite de son oxygène, la vapeur
d'eau de M. Nasmyth produit encore de l'hydrogène,
dont nous avons vu les bons effets dans l'élimination du
phosphore, etc., tandis que, après avoir livré son oxygène, l'air de M. Bessemer ne peut plus offrir que de
l'azote, qui n'est bon à rien en métallurgie.

L'appareil spécial de M. Bessemer est fort ingénieux ;
nous ne nous en occuperons pas ici, nous réservant de
le décrire lorsque nous parlerons de l'acier ; nous dirons
seulement que la température qui s'y produit est telle,
que le fer, qui exige tant de chaleur dans les appareils
ordinaires pour devenir simplement pâteux, sort à l'état
liquide de l'appareil de M. Bessemer.

Nous n'avons pas, personnellement, de renseigne-
ments certains sur les qualités du fer obtenu par l'affinage de M. Nasmyth ; pour ce qui est du *fer* obtenu par
le procédé Bessemer, il semble acquis que ce fer est mou,
énervé. Un forgeron qui s'en était servi nous le définis-
sait ainsi : « C'est un bon fer, mais qui a attrapé un
tour de reins ».

Telles sont donc les réactions chimiques qui accompagnent le minerai du fer, depuis son introduction dans
un haut fourneau jusqu'à ce que, converti en *loupe* de
fer dans un four à puddler, il puisse être livré aux

différents agents mécaniques qui le transformeront en fer fabriqué. Nous n'avons pas à le suivre dans ces opérations purement mécaniques, et nous arrêterons ici cet aperçu sommaire, dans lequel nous nous sommes efforcé de faire voir que la chimie a prêté à la métallurgie du fer un concours incessant. En donnant l'explication des phénomènes qui se produisent dans un haut fourneau, sous l'influence de l'oxygène de l'air et de la chaleur, elle a indiqué en même temps les moyens de les reproduire dans des conditions plus favorables, au double point de vue de l'économie et de la qualité. La transformation de la fonte en fer est également basée sur une suite de réactions indiquées par la chimie. On la voit, en un mot, intervenir dans chacune des améliorations de la métallurgie du fer.

Grâce à son concours, la forge peut subvenir à toutes les exigences de la vie moderne. Elle peut nous livrer depuis le clou minuscule qui consolide la semelle d'un soulier, jusqu'à la charpente grandiose des plus gigantesques palais. Elle met entre nos mains des outils tels la bêche qui creuse le trou dans lequel croîtra une salade, et la drague qui vient de creuser un isthme et de réunir deux mers.

CHAPITRE II

L'ACIER

Le produit dont nous allons nous entretenir a conservé, jusqu'à l'enfance de la chimie, une forte saveur alchimique. C'est un terrain que nous quittons à peine et qui nous est encore familier.

L'acier, en effet, a eu, jusqu'aux dernières années du xviiie siècle, ses souffleurs, ses poudres de projections, ses mystères ; et la France paya longtemps à ces « chercheurs de pierre philosophale », comme les appelle Réaumur, un large tribut d'argent et de crédulité.

Pendant les deux siècles qui précédèrent celui où nous vivons, on fit de vains efforts pour introduire en France la fabrication de l'acier, longtemps monopolisée par les Allemands et ensuite par les Anglais. Jusque vers 1730, les aciéries du Rhin et des Alpes fournirent exclusivement les aciers *fins* sur tous les marchés de l'Europe. La France n'apportait et n'apporta longtemps après, sur ses propres marchés, que des aciers *naturels*, qui ne pouvaient recevoir d'application que dans l'agriculture ;

elle restait tributaire des Allemands, des Italiens et des Anglais pour toutes les espèces d'acier fin, dont elle faisait une assez forte consommation, eu égard à l'état de son industrie à cette époque.

L'amour-propre national se trouvait donc blessé de cette infériorité ; les intérêts particuliers, de leur côté, étaient surexcités par l'appât des bénéfices que devait produire l'établissement d'une industrie, vierge encore, et que la « cour » semblait vouloir favoriser de sa protection et de son argent.

Aussi voyait-on, disons-nous, affluer de toutes parts des possesseurs de « secrets pour faire l'acier » qui trouvèrent aisément, « à la cour et à la ville ». de nombreuses dupes à exploiter. C'est au milieu de ces circonstances que Réaumur entreprit, vers 1715, ses premières recherches sur la production de ce métal. Sept ans plus tard (1722), il publiait l'*Art de convertir le fer en acier* ; il y révélera, dit-il dans sa préface, « la partie mystérieuse de notre art » ; et la cour récompensait l'auteur de cet ouvrage en le gratifiant d'une pension de 12 000 livres. La munificence du cadeau donne une idée de l'importance attachée à la question.

Voilà donc un livre, unique encore dans son espèce, qui apparaît, entouré de tout le prestige du nom de son savant auteur, et au milieu du retentissement de la haute faveur dont il avait été l'objet. — Or, parmi beaucoup d'obscurités, ce livre renfermait deux erreurs capitales et dangereuses : la première, que la plupart de nos fers indigènes étaient aptes à être convertis en acier; la seconde, que, pour être convertis en acier, il fallait que ces fers se pénétrassent de matières *sulfureuses* et *salines*.

Si l'on considère que le public d'alors était anxieux de soulever le voile qui lui dérobait ce mystérieux acier fin ; si l'on considère aussi que Réaumur, en déclarant, comme le désirait l'amour-propre national, que nos fers indigènes étaient aussi propres que tous autres à produire cet acier, satisfaisait notre petite vanité, on comprendra avec quelle facilité son livre put imprimer une direction exclusive aux idées de son époque. Aussi, s'appuyant sur le principe établi par Réaumur, plusieurs spéculateurs français fondèrent des aciéries où s'élaborèrent les fers français, et dans lesquelles on s'efforça vainement de trouver les fameux « céments sulfureux et salins ». Ils ne tardèrent pas à voir la ruine succéder à leurs belles espérances.

Mis en demeure par les échecs de ses disciples, Réaumur établit lui-même, à Cosne, une aciérie qui partagea le sort de ses devancières : un capital y fut englouti. Mais la méthode de Réaumur avait implanté de profondes racines dans l'esprit public : on persista, malgré toutes ces déconfitures, à vouloir produire de l'acier fin par les mêmes moyens, et l'on continua à se ruiner.

Cependant un doute dut s'élever enfin sur l'efficacité des céments sulfureux et salins, ainsi que sur le mérite de nos fers ; car, en 1765, on envoya Gabriel Jars en Angleterre, avec la mission d'étudier les aciéries anglaises, et Jars rapporta de ce voyage la conviction que nos fers indigènes étaient loin de posséder la propriété aciéreuse (*body*) qui faisait le mérite spécial des fers de Suède, seuls appliqués, en Angleterre, à la fabrication de l'acier fin. Il en rapporta également ce renseignement précieux, « qu'en Angleterre on n'emploie que du poussier de *charbon* pour la cémentation du fer, et que l'on n'y fait usage ni d'huile, ni de sel, — le poussier de charbon donnant, dit-il, le *phlogistique* le plus fixe ». Ce mot seul suffirait pour donner une date au rapport de Jars.

Pendant que nous nous efforcions inutilement de fabriquer l'acier fin, l'Angleterre achevait de monopoliser cette industrie, en accaparant les meilleures marques de fer de Suède. Une amélioration considérable vint donner à ses produits une supériorité plus grande encore. Le défaut que l'on reprochait avec raison aux meilleurs aciers de cémentation, c'était leur manque d'homogénéité. Une même barre d'acier, bien que corroyée plusieurs fois, n'en conservait pas moins, dans ses différentes parties, de notables différences de dureté; ces irrégularités dans la résistance du métal diminuaient singulièrement son mérite, et ne permettaient pas son application à tous les usages; on trouva bientôt le moyen radical d'obvier à ce grave défaut, en *fondant* l'acier cémenté (fig. 18).

La découverte de l'*acier fondu* est certainement une des plus importantes qui aient été faites dans les arts métallurgiques, puisque, en acquérant l'homogénéité qui lui manquait, l'acier est devenu le plus précieux de nos moyens d'action dans le travail des métaux. L'auteur de cette heureuse idée est un modeste ouvrier anglais, Benjamin Huntsmann.

Malgré les justes appréciations de Jars sur les véritables procédés employés en Angleterre pour produire l'acier fin, nous n'en continuâmes pas moins à suivre la voie erronée dans laquelle nous étions engagés depuis Réaumur; et, lorsque la Révolution française éclata, elle trouva le pays complètement dépourvu des aciers spéciaux qui lui étaient nécessaires, et hors d'état de les produire.

L'isolement qui se fit autour de la France révolutionnaire, l'interruption de ses communications commer-

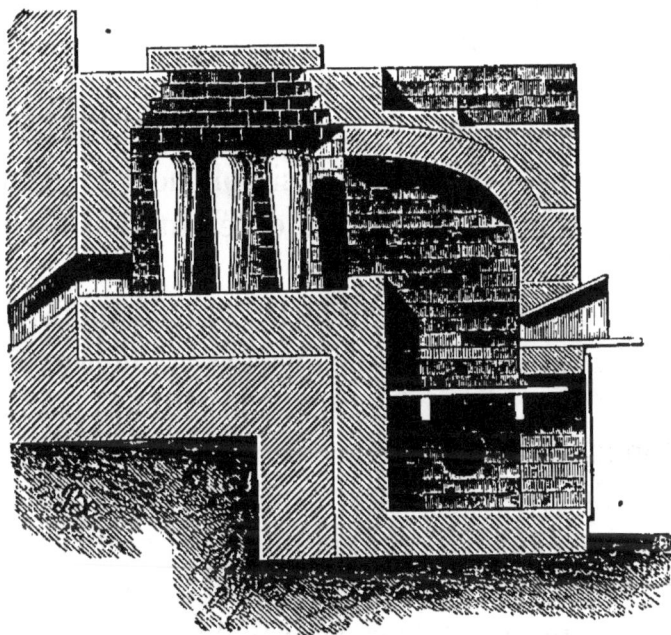

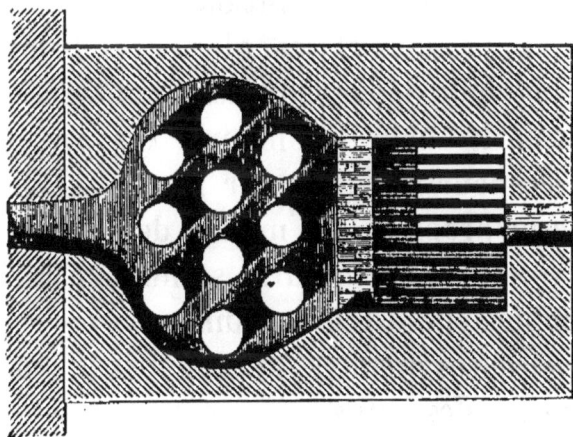

Fig. 18. — Four à fondre l'acier.

ciales, lui firent chercher dans des mesures énergiques
les ressources que la guerre lui retirait. Des aciéries
furent créées sur différents points du territoire, et trois

savants chimistes, Monge, Vandermonde et Berthollet, furent chargés de les diriger de leurs conseils.

Déjà ces trois savants avaient, comme conséquence de la magnifique découverte de Lavoisier, détrôné le phlogistique de G. Jars, et lui avaient substitué la véritable composition de la fonte et de l'acier, en déclarant que ces deux matières étaient tout simplement le résultat de la combinaison, à des degrés différents, du carbone avec le fer.

Cette vérité, qui nous paraît fort modeste aujourd'hui, eut pour l'avenir social une portée immense. Cette simple, mais radicale vérité, due à la chimie, empêcha que la République ne fût étouffée au berceau; elle lui permit de fabriquer pour ses armes des aciers qui n'avaient certainement pas les qualités de l'excellent acier fondu de l'Angleterre, mais, tels quels, nos aciers révolutionnaires remplirent très convenablement leur rôle dans le seul débouché qui leur fût ouvert : les glorieuses luttes de la République et les glorieuses batailles de l'Empire. On ne leur demandait pas davantage.

De même que la main de l'homme n'a pas été uniquement créée pour boxer, l'acier n'a qu'accidentellement la funeste propriété de mettre des armes homicides au service de nos fureurs; sa mission réelle est autrement noble, elle est tout humanitaire; car c'est dans ses vigoureuses qualités que l'industrie trouve les moyens de fournir des outils suffisamment résistants aux pacifiques combattants qui luttent contre la matière. Le jour viendra peut-être où les hommes, en examinant curieusement la panoplie composée du dernier canon d'acier, avec deux baïonnettes en sautoir, éprouveront le sentiment de dégoût et d'horreur que nous inspire la vue des instruments de torture du moyen âge. Nous n'en sommes pas encore là !

Fabriquer ou posséder une « bonne lame de Tolède », tel a été longtemps le *desideratum*, le bonheur suprême rêvé par les armuriers et leurs clients ; les fameuses lames de Damas avaient une réputation plus grande encore ; mais, tandis que les lames espagnoles devaient surtout leur qualité à un forgeage plus soigné et à une trempe particulière, les lames de Damas la devaient au mérite spécial de l'*acier indien* (le vootz), dont elles étaient fabriquées. — C'est à juste titre que l'acier indien méritait sa réputation ; et le motif de sa qualité spéciale resta inconnu jusqu'en 1820, époque à laquelle deux savants chimistes anglais, Faraday et Stodard, démontrèrent qu'il la devait à la présence d'une certaine quantité d'*aluminium*. C'est un peu le hasard qui fut l'auteur de cette découverte : les chimistes anglais ne pensaient pas à l'acier indien, lorsqu'un jour, en cherchant à réduire un titanate de fer (croyons-nous), certaines circonstances de leur opération leur dévoilèrent la marche à suivre pour produire artificiellement l'acier indien.

Cette découverte fut le point de départ d'une série de recherches, dont l'ensemble inaugure la période des *alliages d'acier* et du *damassage*. — Faraday et Stodard multiplièrent leurs essais ; des chimistes français, parmi lesquels il faut citer M. Boussingault, qui trouva dans ces recherches le commencement de sa célébrité, et M. Bréant, dont le mérite comme métallurgiste n'est pas assez apprécié, malgré la hardiesse et la netteté de ses idées, participèrent également à l'élan qui fut donné à cette intéressante question du *fer aciéré sans carbone*.

Des travaux de ces chimistes résultèrent des faits entièrement nouveaux, qui jetèrent une grande clarté sur la production des *aciers spéciaux*, c'est-à-dire des aciers appliqués à la coutellerie fine, aux instruments de chirurgie, à l'horlogerie, etc. En alliant le fer au platine, à l'or, au nickel, au *tungstène* surtout, on obtient des aciers souvent supérieurs à l'acier de Golconde.

Déjà à la même époque la métallurgie des aciers ordinaires était très avancée; les procédés anglais n'étaient plus un mystère pour personne, et toutes les nations produisant du fer étaient également en mesure de produire du bon acier, lorsque, bien entendu, la qualité du fer et le prix du combustible (ou des droits d'entrée suffisamment protecteurs) leur permettaient de se livrer à cette industrie.

Les choses étaient dans cet état, quand, avec la construction des chemins de fer, surgirent des besoins inattendus, immenses, auxquels ne pouvaient pas suffire les moyens de production usités dans les fabriques d'acier. — Mais, avec la chimie, une difficulté de cette nature fait naître infailliblement le moyen de la surmonter : en dehors de l'acier obtenu par *puddlage* simple, il surgit plusieurs systèmes de production, parmi lesquels nous en choisirons deux, dont l'un se fait remarquer par un caractère d'extrême originalité et en même temps de rationalité; l'autre, par une plus grande facilité à se généraliser et à produire les grandes masses d'acier que l'on désirait. Nous voulons parler du procédé Chenot et du procédé Bessemer.

Au point de vue économique, l'idée de Chenot était celle-ci : Lorsque, pour faire de l'acier, on prend du fer d'une qualité et d'un prix proportionnels à la qualité et à la valeur de l'acier que l'on veut produire, on est conduit à payer toutes les dépenses qui chargent ce fer, depuis l'instant où le minerai dont il provient est déposé au gueulard du haut fourneau, jusqu'à celui où ledit fer sort du marteau ou du laminoir, forgé, étiré, fini et ensuite cémenté.

Mais les quatre cinquièmes, au bas mot, des transformations successives — et des dépenses — qu'a dû subir ce minerai pour atteindre ce degré d'élaboration, sont superflus, puisque, pour faire de l'acier, il est inutile de demander aux moyens mécaniques du fer ayant acquis, sous le marteau ou au laminoir, une forme quelconque : il suffit d'avoir chimiquement du fer.

En d'autres termes, il importe peu que le fer à convertir en acier ait la forme d'un barreau, d'une billette, d'un rondin ; il importe peu qu'il ait été curieusement fouillé, ciselé par le burin d'un artiste ; ce qu'il faut, c'est que ce soit du fer susceptible de se carburer, pas autre chose. — Or cette aptitude chimique est acquise par le minerai dès ses premiers pas à travers le haut fourneau, qui va le convertir ensuite en fonte, à force de combustible et de dépense. Pourquoi donc pousser au delà du nécessaire l'opération et cette dépense ?

Pourquoi, au contraire, ne pas s'arrêter à ce moment précis où l'oxyde de fer du minerai, étant réduit et transformé en *fer*, va se carburer un peu pour devenir de *l'acier ;* se carburer davantage ensuite pour redescendre à la valeur de la *fonte,* laquelle doit, à son tour, être retransformée en *fer?* — Il est donc rationnel, au point de vue de la production économique de l'acier, de ne pas pousser plus loin que la réduction du minerai l'opération qui consiste aujourd'hui à transformer ce

minerai réduit en fonte ; puis à décarburer cette fonte
pour la transformer en fer ; puis, revenant sur ses pas,
à recarburer ce fer pour en faire de l'acier.

Au point de vue chimique et qualitatif, le procédé
Chenot est plus rationnel encore. Par le fait de sa réduction à basse température, la structure du minerai
a complétement changé ; la molécule d'oxyde s'est
disloquée ; l'oxygène est parti, laissant, isolé, le fer
au milieu de la gangue. Mais cette gangue, encore chimiquement intacte, a été forcément désagrégée par le
mouvement moléculaire qui s'est effectué ; l'adhérence
a cessé entre toutes les parties du minerai ; et de résistant, compacte qu'il était, il est devenu friable, *spongique :* le minerai de fer est devenu de l'*éponge de fer ;*
tel est le nom que Chenot a donné au minerai ains
transformé par simple réduction.

Sous cette forme, divisé à l'infini, le fer est, de plus,
à l'*état naissant,* c'est-à-dire dans les plus favorables
conditions pour sa facile combinaison avec toutes les
matières assimilables. Ce n'est plus un morceau de fer
dur, compacte, ne se laissant pénétrer par le carbone,
dans les fourneaux de cémentation, qu'à la condition
d'y être contraint par une chaleur excessive et prolongée ; c'est un réseau de molécules de fer au travers desquelles le carbone circule, filtre, agit en toute liberté.
— Aussi, pour transformer « l'éponge de fer » en acier,
suffit-il d'ajouter, dans 'le creuset où elle doit être fon-
due, une quantité dosée de charbon qui cémente cette
éponge, dans l'espace de temps, très-court, qui sépare le
moment de son introduction dans le creuset, de celui où
la température est suffisante pour fondre l'acier produit
de cette façon

Ce n'est pas seulement à la production du fer et de l'acier que Chenot voulait appliquer sa méthode ; il pensait l'appliquer également au traitement de divers autres métaux, mais la mort est venue l'enlever prématurément à ses travaux et à ses projets.

On a compris, par ce qui précède, que tous les minerais de fer ne sont pas aptes à être utilement convertis en fer spongique ; il est nécessaire qu'ils soient riches et que leur gangue, autant que possible, ne soit pas réfractaire. En dehors de ces conditions exclusives, des mécomptes sont à redouter ; c'est ce que les faits ont malheureusement démontré. — L'usine de Baracaldo (Biscaye), qui se sert des excellents minerais de Somorostro, continue encore aujourd'hui à produire du fer par le système Chenot, tandis qu'une autre usine construite à grands frais en Belgique, en vue de faire de l'acier par ce système, mais avec des minerais impropres, a dû bientôt y renoncer.

Le procédé Bessemer, qui ne possède chimiquement aucun des caractères d'originalité du procédé Chenot, et qui n'est pas non plus aussi radical, — puisque, la *fonte* étant employée comme matière première, la transformation du minerai originaire doit être poussée jusqu'à la fusion de la fonte, au lieu de s'arrêter à sa réduction, comme dans le procédé Chenot, — le procédé Bessemer, disons-nous, a sur ce dernier l'avantage considérable de produire plus aisément, plus économiquement et plus rapidement de grandes masses d'acier ordinaire Il repose sur un principe depuis longtemps connu : la décarburation et l'épuration graduelles de la fonte par l'oxygène de l'air injecté (à vent forcé) dans un bain liquide de cette fonte.

Si l'injection de l'air est arrêtée à un moment indiqué par la couleur et l'intensité des flammes dues à la combustion du silicium, du manganèse et d'une partie du carbone, le produit résultant sera de l'acier plus ou moins carburé; si on pousse l'opération jusqu'au bout, au lieu de rester partielle, la décarburation est complète, et, de plus, une certaine quantité de fer est brûlée et passe à l'état d'oxyde des battitures. On doit alors réduire cet oxyde et recarburer le métal en y mélangeant une nouvelle quantité de fonte, dosée, pour convertir le tout à l'état de carburation de l'acier. Voici de quelle manière et dans quel appareil spécial l'opération est conduite :

L'appareil, ou *convertisseur*, se compose d'un vase en tôle de forme ovoïdale posé sur deux tourillons Z, qui lui permettent de faire un mouvement de bascule. Intérieurement, ce vase est brasqué avec une épaisse couche de terre réfractaire *a*, *b*, *c*, *d* (fig. 19).

A sa partie inférieure, la courbe de l'œuf est remplacée par un petit appendice cylindrique B, dans lequel viennent se loger des tuyères *x*, *x* en terre réfractaire, qui débouchent dans le fond de l'appareil et peuvent être renouvelées. C'est par ces tuyères que l'air est injecté dans le bain de fonte. Il est fourni par une machine soufflante, sous la pression d'une atmosphère, et arrive aux tuyères en passant par le tube F, puis par la frette creuse D, qui se raccorde, au moyen du tube coudé C, au réservoir B, où s'alimentent, comme nous l'avons dit, les tuyères *x*, *x'*. Les tourillons sont placés un peu au-dessus du centre de gravité, de manière à éviter les divers mouvements de bascule involontaires.

8

A sa partie supérieure, l'œuf se termine par un bec légèrement recourbé, et dont l'ouverture a, f peut prendre toutes les directions imprimées à l'appareil par son mouvement de bascule sur les tourillons.

Lorsque l'appareil est suffisamment chauffé, que la

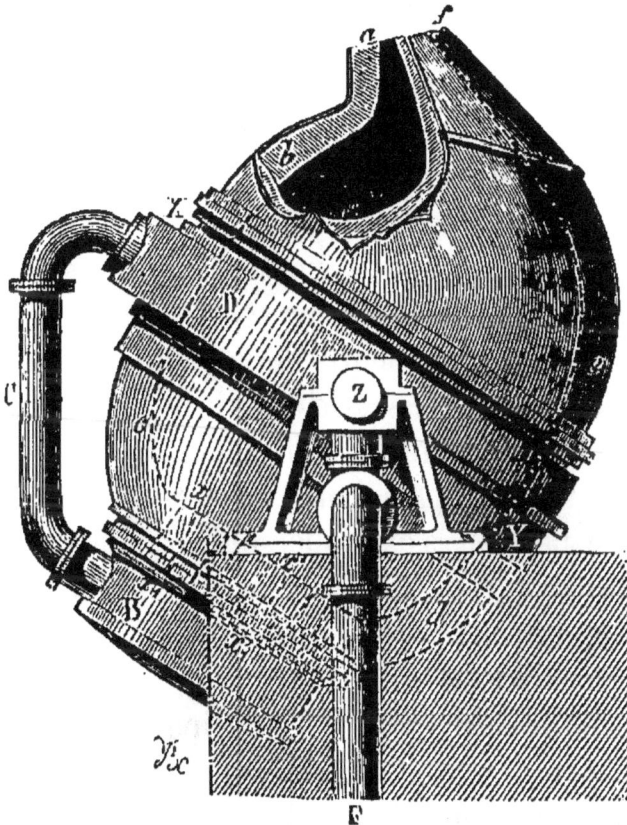

Fig. 19. — Convertisseur Bessemer.

fonte qui doit y être introduite est bien liquide, on le renverse de façon que l'ouverture a, f du bec vienne se présenter sous le jet de fonte; puis on y fait couler la quantité de fonte qui doit être convertie. Dans cette position de l'appareil, l'ouverture des tuyères se trouve au-dessus du bain de fonte qui ne saurait y pénétrer ; mais, lorsque l'appareil reprend sa position primitive, la fonte recouvre le bec des tuyères. C'est alors qu'on donne le vent, dont la pression est capable de contre-balancer la colonne de fonte liquide.

L'air arrive donc dans le bain de fonte par le fond, et en jets minces et incisifs qui, le traversant dans tous les sens, provoquent des bouillonnements formidables dans la masse liquide, et s'élancent ensuite par la gueule de l'appareil, en entraînant avec eux une flamme « rugissante ». — L'oxygène de cet air attaque d'abord le silicium et le manganèse que peut contenir la fonte ; l'acide silicique produit, s'unissant au manganèse oxydé, à une certaine quantité de fer également oxydé, et peut-être aussi à quelques débris de la chemise intérieure de l'appareil, forme une scorie qui surnage.

Lorsque le silicium, le manganèse et le carbone sont oxydés, il ne reste plus dans l'appareil que du fer, dont la fluidité ne peut s'expliquer que par la température extraordinaire concentrée sans pertes, et qui y rencontre les circonstances les plus favorables pour s'y développer et s'y maintenir.

La flamme qui, dans le principe, était d'un jaune blafard, est devenue successivement jaune et blanche pendant la décarburation ; elle cesse avec celle-ci ; on est dès lors averti que le fer fait seul les frais de la combustion intérieure ; et, en effet, le bain métallique se trouve bientôt criblé de particules de sesquioxyde de fer.

C'est alors que l'on y introduit un élément de *recarburation* sous la forme d'une fonte spéculaire manganésifère, à la dose de 7 kilogr. (en moyenne) pour 100 kilogr. de fer brûlé. Cette nouvelle fonte, qui contient 5 p. 100 de carbone, les cède au métal, dont les

parties oxydées se réduisent d'abord et se carburen
ensuite au degré que l'on désire.

Les réactions chimiques sont dès lors terminées ;
l'acier résultant est versé dans une ou plusieurs « poches »
pour être distribué dans les divers moules auxquels il
est destiné.

L'acier, ou plutôt le « métal Bessemer », ne possède
pas les qualités nécessaires pour recevoir les applications de l'acier *fin ;* mais, comme nous l'avons dit, il a
pour lui l'énorme avantage de pouvoir être produit plus
aisément par grandes masses, et enfin de pouvoir l'être
également à un prix de revient bien inférieur.

Jusqu'ici, si l'on excepte les aciers Chenot résultant
du traitement de minerais irréprochables, les bons *aciers
spéciaux* n'ont pu être obtenus que par l'ancienne méthode, qui consiste à cémenter, puis à fondre des fers au
bois de toute première qualité. Ces fers proviennent des
minerais magnétiques de Danemora (Suède), ou encore
de quelques bons minerais manganésifères, tels que ceux
du Rancié, des Pyrénées-Orientales (France) et de plusieurs autres contrées.

La cémentation du fer s'opère dans des caisses, ou,
pour mieux dire, dans des compartiments hermétiques
en briques, chauffés au rouge dans des fours de cémentation (fig. 20). Dans ces caisses, les barres de fer
méplat sont rangées, par lits alternatifs, dans de la
brasque de charbon. La qualité de celui-ci n'est pas indifférente ; l'essence du bois semble être, au point de vue
de la dureté, en rapport avec la dureté de l'acier que
l'on veut produire. Le charbon de racine de bruyère
(*carbon de brezo*) était préféré, à la fabrique d'acier de
Pola de Lena (Asturies), pour produire des aciers durs ;

dans l'Ariège, on choisit le charbon d'aulne pour cémenter les fers destinés à l'acier doux des faux.

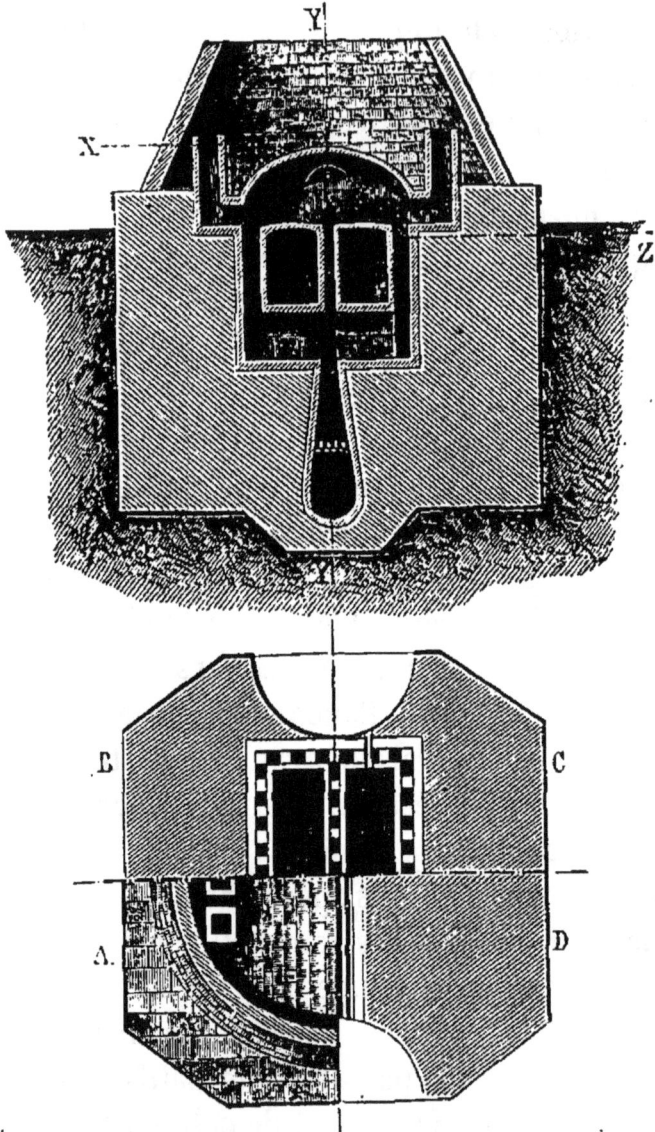

Fig. 20. — Four de cémentation.

Il n'y a pas fort longtemps, on mélangeait au charbon
de cémentation des substances diverses, débris de corne,
de cuir, etc., du sang desséché, du sel ; ce dernier, avait

dit Réaumur, « est un des sels les plus fixes, celui qui s'unit le mieux au fer, celui qui y tient davantage, et de tous les sels celui que les expériences nous ont montré être le plus propre à contribuer à changer le fer en excellent acier ». Cette affirmation de Réaumur résista, jusqu'en ces derniers temps, au coup que les chimistes de la République avaient porté à la formule si compliquée des anciens cémenteurs de fer ; on mélangea toujours du sel au charbon de cémentation. Aujourd'hui on a cessé partout, pensons-nous, l'emploi superflu du sel marin, et l'on s'en tient uniquement au charbon.

Il est encore une autre erreur qu'il est bon de rectifier : on dit que du charbon ayant servi à une cémentation est *épuisé*, et on le rejette. Un charbon n'est épuisé que lorsqu'il n'existe plus, lorsqu'il est réduit en gaz et en cendres ; celui qui sort des caisses de cémentation est tout simplement sursaturé de gaz, et si l'on veut s'en servir de nouveau pour le même usage, ce sont ces gaz, dépourvus de toute qualité carburante (de l'acide carbonique, par exemple) que ce charbon fournit d'abord ; de là sa lenteur extrême à cémenter le fer, et à le cémenter imparfaitement.

Dans ces dernières années, un chimiste allemand a tenté d'établir une théorie suivant laquelle l'acier ne serait pas seulement un carbure, mais bien un azoto-carbure de fer ; les expériences de M. Frémy, suivies de celles de M. Caron, ont démontré que la présence de l'azote dans l'acier est purement accidentelle et ne saurait rien ajouter au mérite du produit.

Après sa cémentation, qui dure une quinzaine de jours, le fer est irrégulièrement carburé. On casse en fragments plus ou moins longs les barres cémentées, et suivant le grain de la cassure, on classe ces fragments par catégories de duretés, et on les réunit soit par leur corroyage, soit par leur fusion. La fusion de l'acier s'opère dans des fours à réverbère, sous une couche de laitier qui le protège contre l'action oxydante des gaz du foyer, ou dans des creusets qui contiennent de 25 à 30 kilogrammes d'acier. Coulé dans des lingotières qui lui donnent la forme la plus favorable pour son « dégrossissage » ultérieur, l'acier est livré, *refroidi*, aux martinets ou aux laminoirs qui « l'étirent », après son réchauffage, suivant les dimensions exigées par le commerce des aciers fins.

L'acier *puddlé* est le plus inférieur ; c'est un métal très-irrégulier, provenant, comme l'indique son nom, de la décarburation partielle, par voie de puddlage, de fontes très carburées. — Celles-ci sont choisies parmi les fontes spéculaires manganésifères ; mais, malgré la qualité spéciale de ces fontes, l'acier qu'elles produisent par ce moyen ne conserve pas longtemps son *body ;* sa propriété aciéreuse n'est pas persistante. — Nous avons vu de ces sortes d'aciers se transformer en fer à grains dès le deuxième et.même le premier réchauffage.

L'acier *naturel*, que les forgeurs de l'Ariège appellent *fer fort*, s'obtient dans les forges catalanes lorsque l'on fait usage du charbon de chêne très dur, que l'on marche avec peu de vent, lentement, que l'on a soin de *sécher* le massé en faisant couler fréquemment la carrail, et enfin en retranchant une bonne partie de la greillade. La partie aciéreuse se rencontre dans le *cabessade*, c'est-à-dire à l'extrémité du massé qui n'a pas été affinée par le vent. — Le « fer fort » est étiré en « plates larges » que le forgeur trempe, après leur sortie du marteau et leur dressage. Puis, pour les éprouver, il les frappe violemment par la tranche sur l'arête d'une enclume ; si le fer est réellement « fort », il se brise au premier ou au second coup, avec un bruit strident particulier. La cassure présente un grain d'acier de très belle apparence, et ce métal est effectivement très apprécié pour l'aciérage des instruments d'agriculture. Sa persistance aciéreuse est fort remarquable : il nous est arrivé de corroyer quinze et vingt fois un morceau de fer fort, sans parvenir à lui faire perdre la moindre partie de son durcissement à la trempe ; il semblait, au contraire, gagner quelque chose en dureté.

Voilà donc ce que la chimie a fait pour nous dans cette grave question de l'acier. Elle a été prendre au collet un art mystérieux qui se pratiquait, dans les ténèbres, au profit de quelques-uns et au grand détriment de tous ; elle l'a placé en pleine lumière et l'a dépouillé de tous les voiles dont il s'enveloppait. Elle a démontré qu'il n'y avait que simplicité où nous supposions difficultés et complications.

Cela fait, à mesure que les qualités mieux connues de l'acier le faisaient apprécier davantage, elle a développé, autant que nous l'avons voulu, les moyens de le produire. Des rails en acier ! n'est-ce pas merveilleux, lorsque l'on songe qu'il y a cinquante ans à peine, on ne pensait à l'acier que pour fabriquer des couteaux, des ciseaux et des aiguilles ?

Ce serait une tâche au-dessus de nos forces d'entreprendre le dénombrement des applications actuelles de l'acier. Si ce précieux métal n'apparaît pas directement dans tous les objets qui nous entourent, il a inévitablement participé à toutes les élaborations qui les ont engendrés. Quelle est l'industrie qui ne demande pas à l'acier des outils solides, tenaces, résistants? quelle est la profession qui ne lui soit redevable d'une aide, d'un concours quelconque? Remercions l'acier, car nous lui devons depuis le soc de la charrue qui nourrit le corps jusqu'à la plume de l'écrivain qui nourrit l'esprit.

III

LE VERRE

———

Lorsqu'un objet, une substance vous frappe par son extrême utilité; lorsque, par exemple, placé derrière une vitre, vous voyez la pluie qui tombe à torrents, le vent qui souffle avec furie, la neige, la glace qui couvrent la terre, et que vous pouvez assister à ces fâcheux phénomènes météorologiques sans en ressentir la moindre atteinte, sans rien perdre de la bonne chaleur de l'appartement où vous vous trouvez, et surtout sans que la lumière du dehors rencontre un obstacle dans l'écran qui vous abrite, vous vous dites : « Quelle belle et bonne chose que le verre! — Qui donc, ajoutez-vous, a pu inventer cela? »

Cette dernière question est toute naturelle : c'est l'hommage involontaire rendu par chacun de nous aux bienfaiteurs de notre espèce. Mais pour le verre, pour cette précieuse substance qui permet de s'abriter contre les intempéries, en conservant néanmoins l'usage de la

lumière; qui permet de donner aux liquides un réci-
pient à la fois transparent et suffisamment inaltérable;
qui permet aux yeux d'arriver jusqu'aux astres les plus
éloignés, d'étudier leur constitution, de surveiller leur
marche dans l'espace; qui leur permet d'arriver également jusqu'aux imperceptibles de la création; c'est-à-
dire de parcourir, degré par degré, depuis le plus bas
jusqu'au plus élevé, l'ensemble stupéfiant de l'œuvre
divine; pour le verre, il est impossible de répondre à

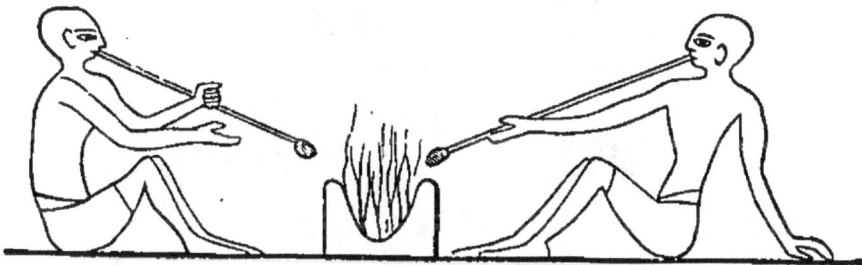

Fig .21. — Verriers thébains.

la question posée. Le verre n'a été inventé par personne;
son auteur est le hasard.

On s'est efforcé de donner au verre une origine biblique ou égyptienne. De même que pour tous les autres
produits dans lesquels le feu intervient comme principal
agent, on a voulu que Tubalcaïn, le Vulcain biblique,
fût l'inventeur du verre; mais cela nous paraît extrêmement douteux. Si Tubalcaïn était réellement le forgeron
que l'on dit, il est possible, il est probable que le verre
se soit révélé à lui à la suite du soudage de deux morceaux de fer avec du borax et du sable, ou bien encore
par la vitrification fortuite de quelques matériaux peu
réfractaires de sa forge; mais il fallait pour cela qu'il
connût le soudage, le borax, et qu'il fût lui-même

Fig. 22. — Miroir italien.

forgeron : voilà bien des suppositions nécessaires. —
Du reste, cette question de priorité importe peu; elle
n'intéresse que l'amour-propre de Tubalcaïn et point du
tout notre sujet; nous pouvons passer outre.

Le seul verre intéressant pour nous, le verre postdi-
luvien, n'a fait son apparition sur notre planète, sérieusement habitée, que vers l'époque où Thèbes et Memphis
étaient la terre promise des savants et des artistes industriels. — De l'Égypte l'art de la verrerie passa à
Rome, puis à Venise, puis en Espagne et dans les Gaules ;
et enfin, après tous les temps d'arrêt qui furent la conséquence des guerres et des invasions, cet art retourna
se fixer de nouveau à Venise, où il devint l'objet d'un
monopole; et ce ne fut qu'avec beaucoup de difficulté
que les *secrets* de « l'art du verrier » purent sortir de
Venise, pour se répandre successivement dans tous les
États de l'Europe.

Mais il ne s'agissait encore que de la verrerie « de
luxe » : des miroirs, des gobelets, des buires, des vases
curieusement gravés ou coloriés. Le bourgeois, le vilain continuaient toujours à ne recevoir dans leur
logis, en hiver ou par le mauvais temps, qu'une mince
ration de lumière, filtrant péniblement à travers une
feuille de corne ou quelque châssis d'étoffe huilée. —
Plus tard, de rares vitrages en plomb apparurent, parci-
monieusement placés dans des baies petites, bien petites,
car la dépense était lourde. Puis ces vitrages se généra-
lisèrent peu à peu; les baies s'élargirent et devinrent
presque des fenêtres; les losanges de verre s'agran-
dirent à leur tour et devinrent de petits carreaux : on
commençait à y voir clair. Encore un pas, les grandes
vitres succèdent aux carreaux; et enfin, c'est par des

panneaux de glace de dix mètres de surface que nous éclairons aujourd'hui les splendeurs de nos magasins.

De leur côté, les vases de toutes formes, les verres à boire, les bouteilles, des milliers d'objets différents s'introduisirent graduellement, en raison de leur bon marché progressif, dans les usages domestiques; ils y sont devenus des objets de première nécessité.

Ce n'est plus dans une corne, mais dans un beau verre taillé, que le prolétaire d'aujourd'hui boit le vin qui étincelle, dans une carafe, sur sa table; c'est dans un verre que brûle hygiéniquement et plus efficacement la flamme de sa lampe; c'est sous un globe de verre que s'abrite la pendule qui sonne toutes les heures de sa vie; enfin, s'il lui prend fantaisie de contempler le visage d'un homme moins misérable que les manants des siècles passés, il n'a qu'à se regarder dans la glace qui décore sa cheminée.

N'est-il pas merveilleux, ce résultat?

Nous devons à la chimie la plus grande part de ce bien-être; c'est elle qui a trouvé, d'abord par des analyses comparatives, et ensuite par le raisonnement, les *compositions* les plus économiques et en même temps les plus propres à produire à bon marché le verre solide, transparent, que nous appliquons à une multitude d'objets indispensables à la vie moderne.

Empressons-nous de dire qu'en créant le verre industriel, la chimie n'a pas fait un ingrat. De tous ses enfants, le verre est celui qui lui reste attaché par les liens les plus indissolubles; il rend à sa mère des services immenses et incessants. La chimie ne saurait faire un pas sans se servir du verre; elle ne saurait le remplacer par un autre serviteur qui n'eût ni sa transpa-

rence, ni sa résistance à l'action destructive de presque
tous les réactifs; ni, enfin, sa faculté de se ramollir sous
l'action de la chaleur, et de prendre, par le soufflage
et la torsion, les mille formes bizarres qu'affectent les
vases employés par le chimiste dans son laboratoire.

C'est, remarquez-le, à l'aide de ces mêmes instruments en verre que le chimiste a trouvé, et trouve tous

Fig. 23. — Étirage du verre.

les jours, les améliorations à apporter dans la fabrication de cette substance; c'est dans du verre que se
sont produites les réactions qui lui ont indiqué, par
exemple, les matières les plus propres à composer le
verre à pivette, ce verre spécial qui est précisément
celui qui est appliqué à tous les instruments de la
chimie.

En un mot, sans la chimie, le verre serait encore,
industriellement, à l'état rudimentaire; et nous, pour

avoir un peu de clarté dans le logis, nous serions obligés d'en tenir la porte ouverte. Sans le verre, la chimie serait, de son côté, dépourvue du plus indispensable de tous ses moyens d'investigation, et le champ de ses découvertes successives serait singulièrement rétréci.

Produire du verre à bon marché, tel est le but qui a été indiqué à la chimie, et aussitôt elle nous a fourni les moyens de l'atteindre. Elle a trouvé dans une des substances les plus répandues sur notre globe, dans le sel marin, la *soude artificielle*, qui vient si économiquement remplacer dans le verre la soude plus rare et plus coûteuse du varech. Dans l'eau de mer, dans le suint des moutons, etc., elle a trouvé la potasse, l'alcali du cristal, que l'on va pourtant chercher encore dans les cendres des plus belles forêts barbarement incendiées.

La verrerie artistique n'a pas été négligée par elle; celle-là lui doit les couleurs vitrifiables qui produisent les vitraux merveilleux de nos églises; elle lui doit l'acide fluorhydrique avec lequel on grave sur le verre de la même façon que nos aquafortistes gravent sur le cuivre; elle lui doit les éblouissants cristaux qui éclairent, de mille lueurs diamantines, la nappe dans les grands jours de gala; et parmi ces cristaux, le plus splendide, c'est le cristal à base de zinc, imaginé par un excellent chimiste, M. Clémandot, et dont M. Maes et lui ont doté la cristallerie de Clichy (fig. 24)[1].

Il faut s'adresser à la chimie métallurgique pour trouver un art chimique qui lance dans la consommation

---

1. Voyez l'excellent livre de M. Sauzay, *la Verrerie* (*Bibliothèque des Merveilles*).

une plus grande masse et une plus grande variété de produits.

Le fer est, en effet, la seule matière qui reçoive

Fig. 24. — Cristal à base de zinc (Clichy).

des applications plus nombreuses que le verre; et encore voyons-nous fréquemment ce dernier remplacer le fer et ses dérivés dans des objets qui n'ont besoin que de netteté et de dureté, et non de ténacité et de ductilité.

En raison de ces applications tous les jours plus nombreuses, en raison surtout du bon marché qui est le véhicule obligatoire des grandes consommations, il a fallu trouver les moyens de produire du verre qui fût peu coûteux, tout en lui conservant les qualités relatives à son emploi : notamment pour les verres à vitres, à gobeleterie commune et à bouteilles.

Nous avons dit que la chimie avait trouvé dans le sel marin la source d'une soude plus abondante et moins coûteuse que celle des *varechs*, de la *salsola kali* et de la *varilla*; ajoutons que c'est principalement sur la consommation du combustible nécessaire à la fusion du verre que s'est portée, et se porte encore tous les jours, l'attention des chimistes et des véritables industriels.

« *Sine igne nihil operamur :* Sans feu nous ne pouvons rien faire. » Cette devise d'un ancien alchimiste appartient, à tous les titres, aux fours des verreries et à leurs fondeurs. Les premiers ne se contentent pas de consommer le combustible, ils le dévorent; et ils trouvent dans les seconds de trop complaisants alimentateurs.

Aussi, avant que la houille fût devenue le combustible industriel général, c'est toujours au milieu des forêts que les verreries allaient s'établir. L'accès facile du combustible, telle était la première condition à observer dans le choix de l'emplacement de l'usine; le reste venait après. On le comprendra facilement lorsque l'on saura qu'il fallait, pour produire 1 kilogramme de verre livrable à la consommation, environ 7 kilogrammes de bois sec.

Aujourd'hui, il ne faut plus que moitié de ce poids en houille; mais cette quantité est encore énorme et oblige les verreries à se rapprocher des houillères, ou du moins à s'établir sur les rives mêmes des voies navigables, qui transportent la houille à meilleur marché que le chemin de fer. Purement administrative, cette mesure ne fait pas économiser un gramme de combustible, elle ne fait que réduire sagement le prix de revient de cet élément important de la fabrication du verre. La chimie est venue, une fois de plus, apporter un concours plus radical à la solution de cette grosse difficulté, à la fois industrielle et d'intérêt général.

Les remarquables travaux d'Ebelmen avaient, depuis longtemps, ouvert les yeux sur l'effrayante quantité de pouvoir calorifique que les combustibles perdaient, fort malheureusement, par l'inutilisation de la plus grande partie des produits gazeux résultant de leur distillation. Pouillet, on s'en souvient, démontrait que, dans nos foyers domestiques, par exemple, nous utilisions à peine 6 p. 100 du pouvoir calorifique du combustible qui y était brûlé, tout le reste s'en allant sans profit par la cheminée. Dans l'un et l'autre cas, ce qui manquait à ces gaz pour brûler, c'était de l'*air chaud* à défaut d'oxygène pur.

Pour que l'oxyde de carbone et l'hydrogène carboné, résultant de la distillation de la houille sur les grilles des fours de verrerie, pussent être brûlés dans l'intérieur de ces fours, il faudrait qu'ils y trouvassent l'*air chaud* qui ne saurait y exister, surtout lorsque, à la suite des effroyables chargements de houille que l'on y introduit, celle-ci, se distillant brusquement, produit une véritable éclusée de gaz qui font le « plein » dans la capacité des fours, et refoulent l'air au lieu de l'y laisser pénétrer et s'y échauffer. — On voit alors les vastes cheminées de ces appareils vomir des tourbillons d'épaisse fumée, entraînée par des flots de gaz qui n'ont fait que refroidir les fours, tandis qu'ils auraient dû les chauffer.

« Hein! ronfle-t-il mon four! tire-t-il assez bien, ce diable de four! » dit alors le fondeur, et avec raison; car, effectivement, son four ronfle et tire admirablement bien; ce qui l'encourage à y engouffrer trois ou quatre hectolitres de houille en plus, sans doute à titre de gratification. — L'autre, toujours en appétit, n'en fait qu'une bouchée.

L'appareil Siémens, appliqué dans quelques verreries et dans quelques cristalleries, réalise, dans ces dernières surtout, où la question de fumivorité est intéressante, l'avantage qui devait résulter de l'emploi des combustibles à l'état gazeux pour le chauffage des fours de verrerie. L'appareil Siémens se compose, en somme, à l'étage inférieur, d'une capacité close qui renferme une grille inclinée à 40°; sur cette grille, on entretient, à l'aide d'une trémie, également close, une couche de combustible épaisse d'au moins 1 mètre. L'air n'arrive sous la grille que par un trou dont l'ouverture est réglée à volonté. Il se transforme d'abord en acide carbonique qui, en traversant les couches supérieures du combustible incandescent, se réduit et forme de l'oxyde de carbone, lequel se rend, par un conduit spécial, dans une autre capacité de l'étage supérieur, où il doit filtrer à travers un *grillage*, serré et profond, de briques réfractaires. Celles-ci ont été préalablement chauffées fortement par les gaz sortant du four; les nouveaux gaz combustibles sont donc nécessairement chauffés, par suite de leur contact obligatoire avec ces briques.

Une quantité dosée d'air atmosphérique subit également la même élévation de température, en traversant un semblable réseau de briques chaudes; c'est, conséquemment, à une température favorable pour leur combustion que l'air et l'oxyde de carbone arrivent au pied des *siéges* du four, et y développent en brûlant la température nécessaire à la fusion du verre.

Ce système, en dehors d'une très notable économie de combustible, présente encore l'avantage d'une durée plus grande du four et des pots (creusets), attendu que la température est bien réglée, uniforme, et que les « coups de feu » si funestes, conséquence ordinaire des négligences des chauffeurs, ne sont plus à craindre avec les gaz. Lorsque ceux-ci ont donné tout leur effet utile dans le four, ils sont encore extrêmement chauds; on utilise cette chaleur pour leur faire chauffer les briques empilées dans un second compartiment, qui sera traversé, à son tour, par les gaz et l'air atmosphérique. Une simple manœuvre de renversement, à l'aide de registres ouverts et fermés, produit aisément ces changements de direction.

Un autre système, qui a fait moins de bruit que le système Siémens, a droit néanmoins à une mention spéciale, attendu que, rendant des services analogues à ceux du four Siémens, il présente sur lui les avantages d'une plus grande simplicité, d'une installation peu coûteuse, et de la possibilité d'être appliqué, sans bouleversement, aux anciennes installations : nous voulons parler du système Boëtius (fig. 25).

De même que dans le système Siémens, les gaz sont produits par un fort amas de combustible qui s'éboule graduellement sur une grille inclinée. L'oxyde de carbone est dirigé directement dans le four; mais, avant d'y pénétrer, il rencontre une quantité dosée d'air atmosphérique, surchauffé par une circulation prolongée

dans le massif des siéges, les pieds-droits des ouvreaux,
enfin dans toutes les parties du four concentrant une
grande chaleur. Cette circulation de l'air dans l'intérieur
des briques du four est très favorable à leur conservation; elle s'obtient très facilement, au moment de la
construction du four ou de sa réparation, en perçant les

Fig. 25. — Emploi des combustibles à l'état gazeux (système Boëtius).

briques crues qui sont employées dans ladite construction. Le débit de l'air est réglé par des registres.

Après avoir servi à fondre le verre, les gaz, encore
enflammés, sont appliqués au frittage des matières dé-
posées, à cet effet, dans leurs *arches* spéciales.

La réalisation d'une économie notable sur la consommation du combustible, ainsi que la production des
matériaux de vitrification à bon marché, telle est donc

la part que la chimie a prise à l'énorme extension de l'usage du verre commun. — La plus misérable cabane possède aujourd'hui une fenêtre vitrée; la plus détestable piquette y est servie dans une bouteille, bue dans un verre; un miroir, qui a coûté six sous, est accroché le long du mur, entre le congé de libération du père et le certificat de première communion de la fille. — Ces précieuses archives sont préservées de la souillure et de la poussière par deux jolies vitres que l'on a, ma foi, bel et bien payées quatre sous pièce.

Regardez dans le jardin, vous verrez quelques melons mûrissant sous des cloches; ils rapporteront, au prochain marché, cinq ou six belles pièces de cinq francs au maître de céans, qui ne se doute guère, je vous l'affirme, qu'il doit tout cela et beaucoup d'autres choses à notre science, à la chimie.

Les améliorations ne pénètrent que très lentement dans les verreries. Aujourd'hui encore la plupart des fours sont bâtis sur des caves qui fournissent l'air aux grilles; celles-ci sont au niveau du pied des *siéges* sur lesquels les pots se trouvent placés. Il y a des fours de toutes grandeurs; les uns comportent seulement quatre ou six *pots*, les autres en ont jusqu'à huit et même dix, répartis sur les deux siéges, qui en reçoivent donc chacun deux, trois, quatre ou cinq. Les deux siéges sont séparés par un espace (*la fosse*) dont le fond (*fond-de-fosse*), percé au centre d'un trou nommé *trou de chavage*, recueille et laisse écouler par ce trou tout le verre qui s'épanche des pots, et aussi les crasses qui se forment à leur surface.

Ce trou se bouche souvent spontanément par l'agglomération du verre qui s'y solidifie; et alors la masse en

fusion s'accumule outre mesure dans le « fond-de-
fosse » ; il s'agit donc de détruire l'obstacle qui s'oppose
à son écoulement. — Un fondeur descend dans la cave,
il se place sous le fond-de-fosse, et, armé d'un ringard
pointu, il s'efforce de rompre le bouchon de verre qui se
trouve au-dessus de sa tête. Il doit, naturellement, prendre mille précautions pour s'esquiver lestement, et éviter
d'être atteint par un véritable torrent de lave, lorsqu'une
issue lui aura été donnée par suite de la rupture du
bouchon[1].

---

1. Cette opération se nomme le *chavage*; un événement qui s'y
rattache ne s'effacera jamais de notre mémoire.

Un fondeur se livrait, une nuit, à cette manœuvre assez dangereuse. Placé sous le fond-de-fosse, les yeux levés vers le bouchon,
il frappait, de la pointe de son ringard, ce tampon de verre qui ne
voulait pas se rompre, lorsqu'une malencontreuse poussière lui
pénétra, brûlante, dans l'œil. La douleur lui fit aussitôt baisser la
tête, et, conséquemment, perdre de vue le fond-de-fosse et son
bouchon; il avait assez à faire à se frotter les yeux.

Tout à coup, sans que rien pût faire prévoir l'événement, non
seulement le bouchon, mais le fond-de-fosse tout entier s'effondra
sur la tête du malheureux; et, en un instant, aussi rapide que la
pensée, tout son corps, moins la tête, garantie par un chapeau, est
inondé, enduit d'une épaisse couche de verre en fusion qui s'épanche autour de lui sur le sol. Il reste là, foudroyé, mais toujours
debout, au milieu de cette mer de feu, dans laquelle il semble
planté comme une balise flamboyante.

Quatre, cinq, peut-être dix secondes — dix siècles — s'écoulent
avant que, chose singulière, une première douleur réveille sa pensée anéantie, et lui donne la conscience de son affreuse situation :
ce sont ses sabots qui flambent!... Il fait, machinalement, un mouvement pour sortir de tout ce feu; mais ses sabots s'y opposent...
ils sont scellés dans le verre pâteux qui les emprisonne; et ses
pieds seuls, ses pauvres pieds nus sortent des sabots et s'enfon-
cent jusqu'à la cheville dans la mare incandescente!... Il pousse
alors son premier cri d'angoisse!

L'instinct de la vie n'est pas éteint en lui; chancelant sous le
poids de la lourde couche de verre brûlant qui l'enveloppe, arra-
chant, l'un après l'autre, ses pieds de la lave en fusion qui couvre

Les « compositions », qui prennent alors le nom de
cendres, ont été enfournées dans les *arches à fritte* que
viennent chauffer les gaz du four, avant de s'échapper
dans la cheminée. Elles y ont été fréquemment remuées,
afin de renouveler les surfaces, et d'opérer un frittage
complet; et elles sont encore très chaudes lorsque, à
l'aide de longues pelles nommées *estraquelles*, on les sort
de l'arche pour les enfourner dans les pots.

Les cendres y sont soumises à une température fort
élevée qui, en les fondant, produit leur tassement; on

le sol, il accomplit enfin cette horrible traversée, et tombe en je-
tant un autre cri.

Cependant les fondeurs accourent dans la cave, ils y trouvent,
au bord d'une large flaque de verre rouge, un autre bloc vitreux
qui flambe et remue!... C'est Guilbert!... leur camarade.... Ils
l'inondent d'eau, ils l'éteignent.... Un nouveau cri de douleur leur
apprend que tout n'est peut-être pas fini pour lui : l'un d'eux a
voulu le soulever sous un bras, et une horrible poignée de chair
grillée, sanglante, lui est restée dans la main!

Le croirez-vous? Guilbert vit encore! — Les soins actifs, intelli-
gents, dévoués, ont miraculeusement arrêté le souffle de vie qui allait s'échapper de ce tronc carbonisé. Seulement, Guilbert est
sourd; une peau mince et rouge remplace, sur ses omoplates et
sur une partie de son corps, la chair qui a été consumée; une
membrane soude son bras droit avec son corps; il en a donc
perdu l'usage. Il a également perdu son nom de Guilbert; on ne
le connaît plus aujourd'hui que sous celui de *Saint-Laurent*.

Nous avons causé vingt fois avec Saint-Laurent de son épouvantable catastrophe; c'était toujours avec le même intérêt doulou-
reux que nous l'entendions nous répéter les mille circonstances
dramatiques de l'événement. Mais le brave homme s'étendait plus
volontiers sur les bons soins dont il avait été l'objet; il se rappe-
lait surtout le mouvement plein d'élan et de cœur qui avait
poussé une dame — une fort belle dame — à venir embrasser,
sur son lit de douleur, un visage tuméfié qui ne devait avoir
rien d'attrayant.

Nous avions toujours quelque peine à détacher le bonhomme de
ce souvenir; surtout lorsque nous voulions le ramener à l'affreux
moment où ses sabots restaient emprisonnés dans le verre, car ce

remplit alors, par un nouveau chargement de cendres,
le vide qui s'est fait dans les pots ; et celles-ci fondent à
leur tour. Les silicates polybasiques sont alors grossiè-
rement formés, mais leur mélange n'est pas uniforme
dans toute la profondeur du pot ; on obvie à ce défaut
d'homogénéité en *mâclant* le verre, c'est-à-dire en le
brassant vigoureusement avec un ringard. Ce premier
brassage n'est que préparatoire, il est complété par un
autre qui achève de mélanger radicalement toutes les
couches de verre : le verre est truffé[1].

Lorsque le verre a été parfaitement fondu, mâclé et
truffé, on procède à l'*apaisement* ; on diminue le feu, qui
cesse d'être mené à toute volée, pour être conduit *en
braise*. On emploie dès lors un charbon moins fumeux

souvenir lui faisait particulièrement horreur. Il revenait bientôt
à son sujet favori.

« On m'a mis ensuite dans un beau lit... des draps ! monsieur,
fins comme de la batiste.... On me faisait prendre du bouillon de
poulet... on me faisait boire du vieux vin de Bordeaux... c'était
joliment bon.

« Mais c'est égal, ajoutait-il immédiatement, tout cela ça ne valait
pas la fois que madame la baronne est venue m'embrasser dans
mon lit !... pensez donc, monsieur, une si belle femme !... Fallait
pas qu'elle soit fière, tout de même !... »

P.-S. — Au moment où nous écrivons ces lignes, on nous apporte
la nouvelle de la mort de Saint-Laurent : une mort bien simple.

Lorsque l'ennemi est entré dans son pays, le vieux Guilbert a
voulu prendre un fusil, et il l'a pris. Mais il constata aussitôt que
ses jambes et son bras droit consumés refusaient tout service. —
Alors, plaçant l'extrémité du canon dans sa bouche, et appuyant un
débris d'orteil sur la gâchette, « ce vieux fou », disent les bonnes
gens de la localité, s'est fait sauter la cervelle.

1. Ce mot singulier a pour origine la pomme de terre (la truffe)
que l'on plongeait naguère dans le verre fondu. — L'eau de la
pomme de terre, s'évaporant brusquement, produisait, dans le
verre, des gros bouillonnements qui achevaient de le mélanger. —
Aujourd'hui le tubercule est remplacé avec avantage, dans cette
opération, par un morceau de bois vert.

Fig. 26. — Souffleurs, Grands garçons, Gamins et Porteur
(fabrication des bouteilles).

que le charbon *de fonte*, attendu que la température du four doit être maintenue, pendant les dix heures que dure le travail des verriers, mais de façon qu'aucune fumée ne puisse les incommoder. Avec la diminution de chaleur cesse également la petite effervescence qu'elle entretenait dans le verre ; il se calme, il *s'apaise*.

Le moment critique est arrivé ; les verriers sont montés sur les « places » ; les *gamins* et les *grands garçons* ont préparé le travail du *souffleur* ; on entendra, dans une minute, le cri sacramentel : « En route, messieurs ! » que va pousser le *tiseur de jour*. Mais le verre sera-t-il bon ? sera-t-il dur ? sera-t-il mou ? c'est encore ce que chacun ignore, car personne ne sait au juste ce qui a été fait. — Tous ces braves ouvriers que voilà vont travailler ce verre avec une adresse inouïe ; leur patron le vendra ensuite avec un savoir-faire parfait ; mais ouvriers et patron ne se doutent pas le plus souvent des causes chimiques et physiques qui font que le verre est bon ou qu'il est mauvais. Ils ne savent pas ce que c'est qu'un morceau de verre ; et, ce qui est bien pis, *ils ne veulent pas* le savoir. — Si vous cherchez à leur donner quelques explications sur les phénomènes chimiques ou physiques qui régissent leur art, ils vous écoutent d'une oreille distraite ; ou bien si les circonstances leur commandent une plus respectueuse attention, leur visage semble vous dire : « Je renonce à comprendre tout cela ».

Ceci démontre combien il est urgent de pousser vigoureusement l'instruction professionnelle élémentaire. Il est urgent de faire comprendre au travailleur combien il est humiliant pour lui de manier, pendant toute sa carrière, une substance dont il ignore la nature, et dont il ne saurait, conséquemment, améliorer les conditions. La difficulté d'acquérir les connaissances théoriques rudimentaires spéciales à chaque profession n'a rien qui puisse épouvanter : pour « l'art du verrier », par exemple, le programme est peu chargé.

Il suffirait d'expliquer au verrier le rôle de l'oxygène de l'air dans la combustion du carbone et de l'hydrogène de la houille qu'il emploie; puis de lui apprendre ce que c'est que la silice, les carbonates terreux et alcalins, les quelques oxydes métalliques colorants qui entrent dans la composition de son verre, et enfin par quelle réaction ces divers éléments s'unissent pour constituer une substance vitrifiée, le verre.

Réduites à ces proportions suffisantes, dépouillées de l'attirail intimidant de la pédagogie, ces connaissances peuvent être très facilement acquises en huit jours, par un homme lettré, ayant conservé quelque peu l'habitude de l'étude; il en faudrait quinze, pas plus, pour en doter un simple ouvrier.

Après avoir appris cela, il ne sera certainement pas un savant, mais du moins il cessera d'être un organe inconscient, accomplissant machinalement sa part d'une œuvre entourée pour lui d'obscurités sans nombre; et — qui sait? — la lueur qui se sera faite dans son esprit enfantera peut-être un jour une grande idée qui ne saurait y germer aujourd'hui, car il manque à ce sol vierge deux choses indispensables : la semence et la lumière. — Revenons au verre commun.

En raison du degré d'impureté des matières qui entrent dans la composition du verre commun, il serait pourtant fort important d'attacher à leur choix et à leur dosage une attention rigoureuse : car les défauts naturels à cette espèce de verre sont déjà trop nombreux pour les aggraver encore par le fait d'une négligence volontaire.

Plutôt formé du *mélange* de deux silicates que de la *combinaison* de ces deux silicates, le verre à vitre, à gobeleterie commune et à bouteilles, tend à se dédoubler, à se diviser en deux produits distincts sous l'action dissolvante de l'eau, surtout lorsque cette action est favorisée par la chaleur. L'un de ces deux silicates, le silicate de soude, se dissout alors plus ou moins rapidement, et disparaît; l'autre, le silicate terreux, persiste, mais il a perdu la translucidité du verre; la forme et la solidité de l'objet sont conséquemment très altérées

Dans les champs des environs de Paris, dans tous les endroits où l'on dépose les détritus de la grande ville, il n'est pas rare de rencontrer des tessons de bouteilles qui, après une exposition plus ou moins prolongée au soleil et à la pluie, sont recouverts d'une pellicule opaline, irisée, qui tombe sous le moindre effort : au-dessous, on retrouve le verre encore intact. — Cette pellicule n'est autre chose que l'ancien verre, *moins* le silicate de soude qui, dissous par l'eau de pluie avec le concours de la chaleur solaire, a disparu et a laissé, comme *caput mortuum*, le silicate terreux de chaux et d'alumine qui reste, disloqué, opaque et sans consistance.

Le même phénomène se manifeste fréquemment sur certaines vitres exposées, dans un endroit clos, à la chaleur et à la buée des liquides bouillants. Ces vitres s'effeuillent en écailles successives, qui n'ont plus que la transparence laiteuse de la nacre; elles en ont aussi les irisations, et à l'analyse, on n'y trouve plus que du silicate de chaux; le silicate de soude, dissous par l'eau, a été entraîné avec elle[1].

Dans les bouteilles où on laisse vieillir le vin, cette fâcheuse propriété du verre commun est plus sensible encore. Le verre à bouteilles, qu'il est nécessaire de produire à très bas prix, doit être, pour ce motif, économique, très fusible, c'est-à-dire très basique. — Les matériaux qui entrent dans sa composition sont, de leur côté, produits au meilleur marché possible, et conséquemment de qualité inférieure. Il s'ensuit que cette sorte de verre, dans laquelle, en dehors de la soude et de la chaux, il entre encore de l'oxyde de fer, de l'alumine et de la magnésie, est encore plus disposée que le verre à vitre à se décomposer sous l'action acide du vin. M. Péligot[2] signale des bouteilles dans lesquelles le vin de Champagne s'altérait, en quelques jours, sous l'influence d'une décomposition rapide du verre de ces bouteilles.

Le verre spécial appliqué à la fabrication de cette sorte de bouteilles rencontre, dans la très notable quantité (2,5 pour 100) d'oxyde de fer qui est introduite, *séparément*, dans sa composition pour le colorer, une autre cause de fragilité.

Dans ce verre, les deux silicates dont nous venons de parler (alcalin et terreux) ne se combinent pas complétement avec la nouvelle base colorante (protoxyde de fer), mais il se forme un troisième silicate — silicate où la base ferreuse domine — qui colore, physiquement,

---

1. M. Renard, fabricant de verre à vitres, a imaginé de tremper es feuilles de verre, à leur sortie de l'étenderie, dans un bain d'eau acidulée. — L'acide s'empare de l'excès d'alcali de la surface, et celle-ci se trouve relativement à l'abri du fâcheux phénomène d'irisation.

2. Dans ses *Leçons sur l'art de la verrerie*.

la molécule des deux autres silicates : il la *badigeonne*;
— nous ne trouvons pas de mot pour mieux exprimer
notre pensée. — Par le fait de cette espèce d'interposi-
tion du silicate ferreux entre les molécules des deux
autres silicates, il y a tendance à séparation entre elles;
et cette tendance se manifeste par une moindre résistance à la pression intérieure.

Nous avons eu l'occasion de constater cette infériorité
de résistance du verre « champenois », en faisant essayer,
comparativement, plusieurs centaines de bouteilles faites
avec ce verre, et une égale quantité de bouteilles identiques de forme, d'épaisseur, de recuit, fabriquées par
le même ouvrier, avec du verre clair. La résistance de
ces dernières était constamment de 20 à 25 pour 100
supérieure à la résistance des bouteilles champenoises.
Voici de quelle manière nous arrivons, par le raisonnement, à expliquer théoriquement les réactions chimiques qui produisent ce fâcheux résultat dans le
verre « champenois ».

Les matières employées (le sable, le calcaire, l'oxyde
de fer, le sel de soude) sont de structure grossière, et,
lorsqu'elles arrivent dans les creusets, leur mélange est
également grossier; il faut, de la part de la chaleur, un
grand effort mécanique pour les réunir suivant leurs
aptitudes de combinaison.

A la première, à la moindre chaleur (au rouge sombre),
il se forme un *premier* silicate, *silicate de soude* (le verre
soluble), par suite de la combinaison d'une faible quantité de silice (sable) avec un grand excès de soude. Ce
silicate n'est pas défini : la quantité de soude qui peut
se combiner avec la silice étant illimitée, c'est le hasard
seul (qui a fortuitement placé en contact, dans le creu-

sel, une petite quantité de silice et une quantité relativement grande de soude) qui règle le degré d'alcalinité de ce premier silicate. Celui-ci ne saurait, conséquemment, être très persistant.

Il l'est cependant assez pour permettre à une autre petite quantité de sable, également en contact fortuit avec l'oxyde de fer, de former avec celui-ci, à une température plus élevée, un *second silicate*, vitreux, mais défini celui-là, et dont la molécule persistera, indifférente à toute nouvelle transformation, au milieu du bain liquide et vitreux des autres silicates de soude et de chaux. Sa densité égale lui permettra d'y nager à tous les niveaux ; elle pourra s'y diviser, s'y mélanger à l'infini, mais sans jamais se combiner. « Mâclez » votre verre, « truffez-le » autant que vous le voudrez, vous ne parviendrez jamais, en divisant davantage cette molécule de silicate de protoxyde ou de sesquioxyde de fer, à lui faire abandonner, pour des combinaisons plus compliquées, la combinaison simple qui lui suffit.

La possibilité de coexistence, sans combinaisons, de deux silicates distincts dans un verre, n'est-elle pas suffisamment démontrée, lorsque, dans un verre violemment coloré par le manganèse, on voit le silicate manganoso-manganique se séparer, par le repos, dans le creuset, et, en raison de sa plus grande densité, occuper le fond de ce creuset ; tandis que les silicates de chaux et de soude, à peu près décolorés, restent à la surface, position qui leur est imposée par leur légèreté relative ?

Dans le cas du silicate de fer, comme dans celui du silicate de manganèse, la coloration de la totalité des silicates en fusion serait donc purement physique, et non chimique. La molécule des silicates incolores serait enveloppée, *badigeonnée*, comme nous le disions plus haut, par la molécule de silicate de manganèse ou de silicate de fer.

On nous demandera peut-être pourquoi les fabricants de vin de champagne, si intéressés dans cette question de solidité du verre, puisque, chaque année, cette rupture des bouteilles, sous la pression de l'acide carbonique du vin, leur occasionne des pertes considérables, on nous demandera pourquoi ils ne se hâtent pas de renoncer à leur verre olivâtre, qui ne donne aucune qualité particulière à leur vin. Après y avoir réfléchi un instant, nous ne répondrons rien, et pour cause : nous avons sous les yeux, à deux pas du bureau sur lequel nous écrivons, un affreux cylindre noir dont, depuis trente ans, nous coiffons notre tête, et qui est certainement mille fois plus laid, plus incommode, plus bête que la nuance olivâtre des bouteilles des fabricants champenois.

La fragilité du verre est proverbiale. — Combien de fois chacun de nous n'a-t-il pas regretté qu'une substance qui joue un rôle aussi important dans notre vie matérielle et intellectuelle, ne soit pas douée d'une plus grande somme de résistance aux chocs, aux changements brusques de température, et aux mille petits accidents qui déterminent sa destruction.

Un verre *incassable* est une sorte de pierrre philosophale qui a tourmenté l'imagination de nombreux chercheurs; mais tous ont dû s'incliner devant l'impossibilité de donner à une matière essentiellement « cristalline » la flexibilité d'une matière « fibreuse », et le verre est resté et restera toujours *cassable*. — Il est bien entendu

que nous parlons du verre soufflé en objets usuels plus
ou moins épais, et non pas de ces fils de verre tellement
fins, qu'ils trouvent, dans leur ténuité, la possibilité de
prendre comme des brins de soie, de laine ou de coton,
toutes les inflexions imaginables.

M. Brunfaut (un Français) a établi à Vienne une fabrication de *laine* de verre, dont nous avons vu de remarquables spécimens à l'Exposition de 1878. — Il est présumable que l'on parviendra à tisser, avec ce produit,
des étoffes du plus merveilleux effet et d'une conservation indéfinie. — Mais jusqu'à présent cette heureuse application est tout à fait exceptionnelle ; le verre
reste cassant dans tous ses usages habituels, et il
serait bien désirable que sa fragilité fût du moins
atténuée dans une certaine mesure ; c'est ce que M. de
la Bastie a tenté avec un très notable succès, en ima-
ginant de *tremper* le verre (porté au rouge), en le plongeant dans les liquides les plus chauds. — Il a établi
l'industrie du *verre trempé.*

Le mot « tremper » n'est peut-être pas celui qu'il
aurait fallu choisir, car ce terme n'est appliqué qu'à
divers métaux et notamment à l'acier que l'on veut
durcir et rendre moins malléable. — En ce qui con-
cerne le verre, l'expression « tremper » impliquerait,
par analogie, le durcissement du verre et une plus
grande facilité de le rompre ; c'est-à-dire un résultat
tout opposé à celui que l'on se proposait.

Adoptons néanmoins le mot et donnons l'explication
du phénomène.

Lorsqu'on laisse tomber une goutte de verre fondu
dans l'eau froide, cette goutte prend, en se durcissant
brusquement, une forme très allongée, elle « fait queue »

et ressemble assez alors à une larme : d'où le nom de *larme batavique* qu'on a donné à cette goutte de verre brutalement solidifié et refroidi; il acquiert, dans cette circonstance, tous les droits possibles au nom de *verre trempé*, car il est devenu très dur et extrêmement cassant.
— L'équilibre moléculaire du verre refroidi dans les conditions ordinaires a été complétement détruit par le passage brusque d'une température de 600 à 700° à une température de 6 à 7°. La « peau » de cette goutte de verre, en contact avec l'eau froide, s'est contractée, solidifiée avant le reste de la masse qui a évidemment cristallisé dans un laps de temps relativement plus long; et, par conséquent, l'équilibre moléculaire est devenu instable. — Aussi, lorsque l'on rompt l'extrémité de la queue de cette larme batavique, le reste se réduit immédiatement en poussière.

Il n'est pas nécessaire de projeter du verre fondu dans l'eau froide pour le tremper, et obtenir cette fragilité extrême; il suffit de le laisser exposé à l'action de l'air à la température ordinaire. — Des bouteilles, des carafes refroidies à l'air au lieu d'être portées à la « carcaise », donnent également un exemple de fragilité excessive. — Si, après son refroidissement à l'air, on laisse tomber dans l'intérieur d'une bouteille un petit fragment, une simple écaille de verre pesant à peine un gramme, la bouteille se brise en cent morceaux. — Dans ce cas, comme dans celui de la « larme batavique », la *peau* extérieure de la bouteille s'est refroidie beaucoup plus rapidement que la peau intérieure, baignée par l'atmosphère plus chaude que la forme étranglée de la bouteille lui a permis de conserver chaude pendant quelque temps. — L'équilibre moléculaire *instable* résultant, a pu être détruit par le choc insignifiant de l'écaille de verre qui y a été projetée.

On a donné le nom de « fioles philosophiques » à ces curieuses bouteilles et aussi, croyons-nous, celui de « fioles de Bologne ».

En trempant le verre (porté au rouge) dans un liquide extrêmement chaud, M. de la Bastie produit aussi une espèce de larme batavique, avec cette différence que l'écart entre les deux températures est moindre que dans la production de la larme batavique proprement dite; et, de plus, le verre s'y refroidissant ensuite graduellement, plus graduellement que dans une carcaise, y acquiert proportionnellement une plus grande résistance à la rupture. — Mais, lorsque cette rupture a lieu, de même que dans le cas de la larme batavique, le verre trempé de M. de la Bastie se réduit également en poussière. — Il importe peu qu'un objet en verre qui se rompt, se réduise en un grand ou en un petit nombre de morceaux, et si nous parlons de ce phénomène à la rupture du verre trempé de M. de la Bastie, c'est uniquement pour établir son analogie avec la larme batavique. — Il est d'ailleurs constaté que le verre de M. de la Bastie est beaucoup plus résistant aux chocs que le verre ordinaire.

Dans la solubilité du silicate de soude, si funeste pour les objets fabriqués en verre commun, la chimie a trouvé une qualité et un nouveau produit utile : le *verre soluble*. La solubilité d'un silicate alcalin (de potasse ou de soude) est proportionnelle à la quantité d'alcali qui entre dans sa composition. Un verre composé avec 2 parties de silice et 11 parties de carbonate de potasse est soluble dans l'eau froide.

Fuchs, chimiste bavarois, trouva que cette solution

avait la propriété de rendre les bois et les tissus, sinon incombustibles, du moins ininflammables. Après avoir été plongée dans le verre soluble de Fuchs, la robe de mousseline d'une danseuse ne saurait plus s'enflammer au gaz de la rampe. — Toutes les étoffes, les décorations de théâtre, les charpentes, etc., sur lesquelles on applique une couche de verre soluble, acquièrent, par ce fait, une incombustibilité relative. Mais ce beau résultat est quelque peu gâté par un vilain défaut : en raison de sa solubilité, le silicate de potasse est très hygrométrique : et les étoffes qui ont reçu cette préparation attirent l'humidité, comme font les vêtements qui ont été trempés dans l'eau salée ; elles restent toujours plus ou moins humides, et la poussière y adhère obstinément. Le silicate alcalin a, de plus, l'inconvénient d'altérer certaines couleurs.

On a donc dû renoncer à employer le verre soluble pour rendre les étoffes ininflammables. M. Kuhlmann, de Lille, lui a trouvé une autre application dans la *silicatisation* des calcaires tendres : emploi auquel son ancien nom de *liqueur des cailloux* semble l'avoir prédestiné. Ce n'est plus, croyons-nous, la potasse, mais bien la soude qui est la base alcaline du verre soluble de M. Kuhlmann.

Ce chimiste a observé que, lorsque de la craie était plongée dans la « liqueur des cailloux », puis séchée, elle acquérait la dureté du marbre et devenait, comme lui, susceptible de recevoir un très beau poli. Soumise à l'humidité, cette craie ainsi *silicatisée* ne perdait rien de sa dureté acquise. L'idée lui vint naturellement d'utiliser cette propriété à la conservation de nos monuments, bâtis, pour la plupart, en calcaire tendre, et susceptibles, conséquemment, de se détériorer très rapidement sous l'influence des agents atmosphériques : ce que nous pouvons malheureusement constater dans un grand nombre des monuments de Paris et tout particulièrement dans la colonnade du Louvre.

Un monument ne peut pas être plongé, comme un morceau de craie, dans une dissolution de silicate de soude; ce n'est que par simple aspersion que l'on peut lui appliquer ce procédé de conservation : on ne saurait donc espérer protéger que sa surface, qui seule peut être pénétrée par le liquide; c'est déjà beaucoup.

Le *cristal* est un verre à base de plomb, lorsqu'il n'est pas à base de zinc, comme celui de M. Clémandot, qui nous réserve une nouvelle merveille d'éclat et de limpidité[1]. — Le plomb n'a pas toujours été la base principale du cristal; aussi longtemps que le bois a été le combustible appliqué à la fusion de ce produit, la base de ce verre était, comme dans le verre à vitre de cette époque, la potasse. Mais lorsque le bois devint rare et cher, lorsqu'il fallut songer à la houille pour le remplacer, un grave inconvénient se manifesta : le chauffage par la houille colorait le cristal.

Pour combattre cette fâcheuse influence de la houille, les verriers imaginèrent de couvrir leurs pots par un dôme, muni d'un bec qui venait déboucher à l'ouvreau, et permettait le *cueillage* du verre. Mais alors la chaleur n'avait plus assez d'action sur le silicate à base de

1. Nous avons eu dernièrement sous les yeux des échantillons d'un nouveau cristal de M. Clémandot. — Placés à côté de beaux spécimens de cristaux à base de plomb, ceux-ci paraissaient gris. — En collaboration avec M. Frémy, M. Clémandot est l'auteur du verre *nacré-irisé* dont nous avons vu de remarquables échantillons à l'Exposition de 1878.

chaux, et celui-ci cessait d'être suffisamment fusible. On songea donc à remplacer la chaux par une base moins réfractaire, et on la trouva dans le *minium* (oxyde de plomb). C'est en Angleterre, dans la première moitié du xviie siècle, que cette transformation s'opéra dans l'art du verrier. Ce cristal y a conservé le nom de *flint-glass*.

La composition moyenne de ce verre est la suivante silice 56, oxyde de plomb 35, potasse 9, auxquels on ajoute un peu de peroxyde de manganèse. Le peroxyde de manganèse, qui prend alors le nom de *savon des verriers*, a pour mission de *blanchir* le verre. En cédant un atome d'oxygène au protoxyde de fer qui peut se rencontrer accidentellement, à l'état de silicate, dans le cristal (dans ce cas, teinté en vert), il le transforme en silicate de sesquioxyde, dont la teinte jaune est peu apparente

Nous avons vu que, dans la fabrication des verres communs, la qualité des matières premières était fort négligée, ce qui, à notre avis, est une économie mal entendue. Pour le cristal, au contraire, on prend les précautions les plus minutieuses dans le choix des matières destinées à la vitrification, car elles doivent être aussi pures que possible.

Le sable est choisi parmi les plus blancs de Fontaine-bleau et de Champagne; et encore est-il lavé, séché et tamisé avant son emploi.

La potasse a diverses provenances : on la fait venir de Toscane, d'Amérique; on la prend également dans les résidus de fabrication de sucre de betterave; on la prend aussi dans le suint des moutons, dont chaque toison peut en fournir environ 200 grammes. Balard extrait la potasse des eaux de la mer.

Quelle que soit son origine, la potasse est dissoute dans une faible quantité d'eau, insuffisante pour dissoudre les sels autres que le carbonate de potasse. Cette dissolution est filtrée et rapprochée à siccité.

L'oxyde de plomb (minium) est fabriqué avec des plombs très purs, que l'on oxyde sur la sole d'un four à réverbère : ils s'y transforment en *massicot* qui est le premier degré d'oxydation, et celle-ci se complète par une calcination au rouge sombre qui convertit le massicot en *minium*.

Ces trois substances, rigoureusement dosées, sont fondues dans des fours analogues à ceux usités dans les verreries à verre commun, mais qui sont généralement chauffés, aujourd'hui, par des combustibles à l'état gazeux, et au moyen de l'appareil Siemens.

Avec ce verre plombeux, on fabrique ces merveilleux objets dont l'éclat est le plus souvent exalté par la *taille*, qui en avive et disperse les rayons. On les rehausse encore, en introduisant dans sa composition certains oxydes métalliques qui lui communiquent les couleurs les plus splendides. — Ce sont les oxydes de cobalt, d'uranium (dû à M. Péligot), de manganèse, de cuivre, de fer, d'antimoine, de chrome. L'or, sous la forme de chlorure, l'argent, le soufre, le charbon, sont également des agents de coloration. « Le verrier, dit M. Péligot, possède aujourd'hui une palette aussi variée et aussi riche que celle du peintre, et il n'existe pas de couleur et même de nuance qu'il ne puisse produire à volonté. »

Aussi, voyez quel parti il a su en tirer ! Le rouge rubis, le saphir bleu, la verte émeraude, et la topaze et l'améthyste, ces œuvres étincelantes de la nature, sont presque égalées par les cristaux colorés par le chimiste

Fig. 27. — Vidrecome en verre de Bohême.

qui marche devant le verrier, et lui fournit libéralement
les moyens de rivaliser dans ses œuvres avec les plus
rares merveilles créées par le grand joaillier de l'univers.
Gemmes minuscules, si péniblement cherchées dans les
entrailles du sol, vos feux sont plus éblouissants; mais
existe-t-il, parmi vous, ce rubis immense que je tiens à
la main, ce vidrecome dont la pourpre lutte de limpidité
et d'éclat avec le vin qui le remplit? Brisons-le, peu
importe! en voilà un autre, mille, cent mille autres!
son mérite, à lui, est de n'être pas rare, de pouvoir se
perpétuer aussi longtemps qu'il y aura sur la terre du
sable, du plomb, de la potasse, du feu pour fondre
le cristal, de l'or pour le colorer, et un verrier pour le
souffler.

Le verre est un sujet attachant, inépuisable. Les
heures s'écoulent à écrire, à discourir sur le verre; les
feuillets s'accumulent, l'espace disponible est rempli,
les limites imposées sont même dépassées, et l'on
s'aperçoit que l'on n'a encore rien dit, qu'on laisse derrière soi, dans une excursion aussi rapide, une foule de
sentiers inexplorés.

Avons-nous parlé du *crown-glass*, ce cristal à base alcaline qui rend de si éclatants services à l'optique? du
verre à glace, silicate plus terreux, moins alcalin que
le précédent, dans lequel la soude, dominant, y intro-
duirait sa teinte verdâtre, si le chimiste n'apportait
toute son attention à la purifier, à en éliminer jusqu'à
de simples traces de fer? Et pourtant, que n'aurait-on
pas à dire sur les magnifiques produits de Saint-Gobain,
sur la préparation chimique de ses matières premières
dans son immense soudière de Chauny?

Nous n'avons point parlé du verre opalin, du verre de

Réaumur; nous n'avons rien dit de ce bizarre phénomène d'*amorphisme* se produisant dans les verres qui, à
l'exemple du phosphore, perdent leur translucidité,
prennent une nouvelle texture, par suite d'une exposition prolongée à la chaleur.

C'est avec un regret plus vif encore que nous devons
renoncer à parler ici de ces excellents ouvriers verriers,
de leur vie, de leurs travaux; car ce sujet sort complétement du cadre exclusif de ce livre. Mais il nous est bien
permis de constater que si la chimie a été, et sera encore
bien utile à leur art, c'est à leurs labeurs que nous
sommes plus directement redevables de tout le bien-
être que les applications successives du verre nous ont
donné.

IV

LA GRANDE INDUSTRIE CHIMIQUE

CHAPITRE I

LA SOUDE ARTIFICIELLE

La grande industrie chimique de notre époque s'appuie sur deux produits naturels qui sont, providentiellement, très répandus sur notre planète : le *sel marin* et le *soufre*.

Le « soufre » est transformé en acide sulfurique ; celui-ci transforme le « sel marin » en sulfate de soude et en acide chlorhydrique ; et le sulfate de soude est converti, à son tour, en « soude artificielle ».

Tel est l'ordre d'idées et de faits qui motive l'existence et le fonctionnement de l'une des plus importantes industries du dix-neuvième siècle.

La nécessité d'une *soude artificielle* a été le point de départ du grand mouvement industriel qui a provoqué

11

la création de ces immenses usines, connues sous le nom de *soudières*, dont l'objectif était la production du carbonate de soude, et qui fournissent incidemment, au monde entier, de formidables quantités d'acides sulfurique et chlorhydrique, de chlorure de chaux, etc. ; qui lui fournissent, en abondance, des matières premières qui ont permis de vulgariser l'emploi du verre, l'usage du savon, du chlore pour le blanchissage, et de quantité d'autres produits dont le moindre mérite est d'avoir notablement amélioré les conditions d'existence de l'espèce humaine.

C'est à un Français, à un de ces esprits supérieurs qui purent éclore et développer leurs aptitudes sous le régime républicain, que nous devons la grande industrie de la soude artificielle et toutes les conséquences économiques et industrielles qui s'y rattachent.

Les savonneries, les verreries françaises consommaient déjà une quantité considérable de soudes naturelles, et plus particulièrement de soudes d'origine espagnole, lorsque la révolution éclata. La jeune république, mise en quarantaine par les monarchies qui l'entouraient, se trouva sevrée, de la même façon qu'elle le fut pour le salpêtre et l'acier, de l'une des matières premières les plus utiles à son industrie : la soude. Mais, de même dans la question de l'acier, l'énergique Comité de salut public dit au pays : — « Tu n'as pas de soude? — eh bien! cherches-en, tu en trouveras! » — Combien de faits ont démontré qu'il n'était pas déraisonnable de demander des tours de force aux cerveaux républicains de cette époque virile!

Antérieurement M. de Lamétherie, professeur de chimie au Collège de France, avait parlé un peu vaguement,

dans son cours, de la possibilité de produire une soude
artificielle, en faisant réagir le charbon sur le sulfate de
soude. — Parmi ses auditeurs se trouvait un chirurgien,
nommé Leblanc, qui se souvint de l'indication du professeur, au moment où le Comité de salut public invita
les chimistes de la république à chercher les moyens de
se passer des soudes naturelles d'Alicante. — Il fit
plusieurs essais infructueux qui le convainquirent que
le charbon transformait simplement le sulfate de soude
en sulfure de sodium; qu'il fallait un second réactif
pour détacher la soude de cette première combinaison,
et il fut conduit à introduire le carbonate de chaux dans
le mélange.

C'est encore aujourd'hui par cette réaction, que l'on
produit les immenses quantités de carbonate de soude
déversées dans les nombreuses industries qui ne vivent
que par l'intervention de ce réactif. On a seulement introduit diverses modifications aux appareils et aux dosages; mais il n'a été rien changé au principe : il reste
tel que Leblanc l'a formulé.

Cette réaction n'est pourtant pas très simple; les longues discussions qui se sont élevées, dans ces derniers
temps, sur la théorie qui la régit, témoignent assez des
nombreux tâtonnements par lesquels dut passer Leblanc
avant d'arriver à des dosages qui ont été, nous venons
de le dire, à peu près respectés depuis qu'ils furent dé-
terminés par lui.

A l'époque où Leblanc prenait son brevet d'invention,
la chimie n'était pas encore arrivée à un degré qui lui
permit d'expliquer, d'une façon satisfaisante, des réactions aussi délicates que celles qui accompagnent la
transformation du sulfate de soude en carbonate; et

pendant de nombreuses années on se soumit au dosage empirique de l'inventeur, sans pouvoir expliquer la raison de son succès.

Depuis peu on est arrivé à établir la théorie de cette réaction compliquée, et l'on a eu lieu de s'étonner lorsque l'on s'est aperçu que les dosages de Leblanc se rapprochaient étrangement du dosage imposé par la théorie.

Voici de quelle manière le procédé de Leblanc est encore pratiqué aujourd'hui :

Dans un four de forme elliptique (fig. 28) et dont les dimensions sont d'environ 2 mètres de large sur 5 mètres de longueur, la sole se trouve divisée en deux parties égales. — La moitié qui est la plus éloignée du foyer A est légèrement surélevée; la partie la plus rapprochée de l' « autel » B représente donc un gradin inférieur.

Chacune des deux parties de la sole communique par une ouverture H, pratiquée dans la voûte, avec le dessus du four qui reçoit le mélange préparé (900 kilogr.) de sulfate de soude, de craie et de charbon. — Ce mélange achève de s'y dessécher, et lorsque la température du four a atteint le rouge vif, on en fait tomber la moitié (450 kilogr.) sur la partie surélevée de la sole. — Chacune des deux moitiés de la sole est desservie par des portes D, D, D, qui permettent le brassage des matières; quand ces 450 kilogr. ont été introduits, un ouvrier armé d'un « râble » les étend en une couche d'épaisseur régulière dont la face supérieure ne tarde pas à se fritter et à fondre. — Alors, avec un second râble (à griffes), l'ouvrier déchire cette première croûte, de manière à mettre les couches inférieures en contact avec la chaleur du four; et, par des opérations semblables, il arrive à fondre successivement toutes les parties pulvérulentes du mélange.

Lorsque ces premiers 450 kilogr. sont coagulés, on le fait descendre sur la sole inférieure, plus rapprochée du foyer et conséquemment plus chaude (450 kilogr. de mélange viennent aussitôt les remplacer), et on brasse alors continuellement la matière, devenue pâteuse, afin d'activer la réaction. — La fin de celle-ci se manifeste par deux symptômes : 1° la matière acquiert la consistance

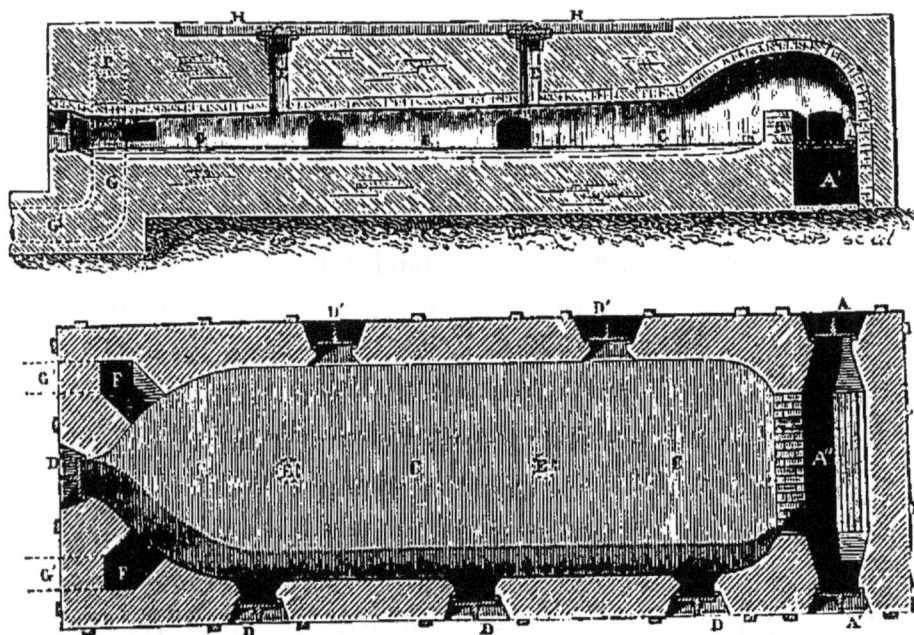

Fig. 28. — Fabrication de la soude artificielle.

d'un liquide pâteux; 2° les flammes d'oxyde de carbone, fourni par la combustion de l'excès de charbon, cessent presque complètement.

Le produit résultant de cette opération est ce que l'on appelle la *soude brute.*

La soude brute est fréquemment employée, telle quelle, au blanchissage du linge, à la fabrication du savon, des bouteilles en verre vert, etc., etc.; mais, le plus souvent, elle est destinée à la fabrication de *carbonate de soude* épuré; dans ce dernier cas, elle doit être « raffinée »; c'est-à-dire que, pour le séparer des matières insolubles (sulfure de calcium, carbonate de chaux) dans lesquelles il se trouve empâté, on en extrait, au moyen de l'eau, le carbonate de soude que l'on recueille, cristallisé, à la suite de diverses décantations et concentrations successives.

La France consomme annuellement, pour sa part, 100 000 tonnes (100 000 000 kilogrammes) de soude brute dans les diverses industries auxquelles ce produit est appliqué. — C'est à peu près le tiers de ce que consomme le monde entier.

Dans notre récit, nous avons procédé de la même façon que Leblanc; c'est-à-dire que, pour arriver à la production de la « soude artificielle », nous avons supposé l'existence du « sulfate de soude ». — Il est temps de nous occuper de celui-ci; d'examiner son origine et les moyens auxquels la Chimie dut avoir recours pour le produire économiquement.

CHAPITRE II

ACIDE SULFURIQUE. — SULFATE DE SOUDE
ACIDE CHLORHYDRIQUE

Notre savant chimiste, M. Dumas, nous disait, dans ses leçons à la Sorbonne, que la quantité d'acide sulfurique consommé par une nation donne la mesure de sa puissance industrielle. — Rien n'est plus certain.

Trente années se sont écoulées — hélas! — depuis l'époque où nous suivions, émerveillé, les leçons de l'incomparable professeur, et depuis lors nous n'avons pu faire un pas dans la vie industrielle sans constater la vérité de son allégation. — La nation qui consomme la plus grande quantité d'acide sulfurique est positivement la plus industrieuse. Si la houille est le nerf de l'industrie, l'acide sulfurique en est le sang.

C'est à l'acide sulfurique qu'il faut s'adresser pour avoir les moyens de fabriquer la plupart des autres acides; — pour obtenir les réactions qui produisent industriellement le suif, les acides gras, le phosphore, la soude artificielle, la solubilité des phosphates fossiles, le décapage des métaux, la dissolution de l'indigo, etc., etc. — On se sert de l'acide sulfurique pour produire l'hydrogène qui gonfle les ballons dont s'amusent les enfants ; on s'en sert également pour fabriquer les fulminates, le coton-poudre, la nitroglycérine qui tuent leurs pères !

Cent espèces d'industries trouvent, dans l'acide sulfurique, l'élément indispensable à leur existence ; mille autres lui doivent indirectement un concours des plus efficaces.

Le fer et l'acide sulfurique sont les deux principaux instruments de travail de toute nation industrieuse ; leur intervention apparaît dans la plupart des actes qui intéressent la conservation de l'humanité, l'amélioration de son bien-être. — Il ne faut donc pas s'étonner des efforts que nous faisons incessamment pour augmenter la production du fer et de l'acide sulfurique.

Ce dernier, quoique à un degré inférieur, est peut-être aussi bien que la houille, l'une des causes qui ont placé l'Angleterre au premier rang des nations industrielles. — C'est en Écosse, vers le milieu du siècle passé, que Rœbuck appliqua les vastes chambres de plomb à la fabrication, en grand, de l'acide sulfurique. Jusqu'alors, on ne le produisait que très difficilement, et en faibles quantités, dans des petits appareils en verre, fort coûteux. — Dans ces conditions, il fallait le vendre 30 ou 40 francs le kilogramme ; son usage était conséquemment très restreint. L'idée d'appliquer le plomb à la construction d'appareils, dont la capacité et la résistance permettaient la production économique de grandes quantités d'acide sulfurique, semble avoir été très tardive ; car, depuis longtemps, on avait observé que cet acide n'attaque le plomb qu'autant que sa concentration atteint le soixantième degré de l'aréomètre; mais c'est là le sort des idées les plus simples : on les néglige.

Actuellement l'acide sulfurique ne coûte plus que 0 fr. 20, grâce à de nombreux perfectionnements que les chimistes ont successivement apportés dans sa fabrication, et que nous allons examiner brièvement.

Les alchimistes — Albert le Grand, Basile Valentin, Arnaud de Villeneuve — avaient, les premiers, observé que la calcination du *vitriol vert* (protosulfate de fer) donnait naissance à un liquide corrosif auquel ils donnèrent le nom de *soufre des philosophes*, d'*huile de vitriol.* — Plus tard, on obtint de plus notables quantités de cet acide, en enflammant du soufre sous une cloche de verre contenant de l'air humide. — Notre compatriote Lémery trouva un moyen plus efficace d'oxyder l'acide sulfureux produit par l'inflammation du soufre, en ajoutant à celui-ci du salpêtre (nitrate de potasse); la réaction par l'acide nitrique était indiquée. — Ce fut vers la même époque que les Anglais (Rœbuck) imaginèrent de construire de vastes chambres de plomb, dans lesquelles l'acide sulfureux, se combinant à l'un des cinq équivalents d'oxygène de l'acide nitrique, se transforme en acide sulfurique. Dès lors, on était à même de faire face à une grande consommation de cet acide, mais à la condition de pouvoir se procurer des quantités suffisantes de son radical : le soufre.

Le prix du soufre ayant considérablement augmenté, en raison d'une excessive consommation de ce métalloïde dans le soufrage des vignes malades, et aussi par suite d'un monopole établi en Sicile, il fallut le chercher sous une autre forme, et on le rencontra dans les pyrites (bisulfure de fer) qui en contiennent de 40 à 50 pour 100.

En France, nous trouvons ces pyrites à Alais, à Chessy et dans quelques autres localités. — En Espagne, la question de l'acide sulfurique a donné lieu à l'acquisition, par une société anglaise, des immenses dépôts de pyrite cuivreuse de Rio-Tinto qui ne sont pas uniques dans cette région; elle en renferme des quantités également considérables dans toute la province de Huelva, etc.

— A mesure que le besoin de se procurer la matière première de l'acide sulfurique deviendra plus pressant, on en trouvera certainement sur beaucoup d'autres points, attendu que la pyrite est l'un des minerais les plus communs dans la nature.

C'est donc au moyen des pyrites que l'on produit la presque totalité de l'acide sulfurique. Ces pyrites sont brûlées dans des fours spéciaux qui permettent de les utiliser à l'état pulvérulent. — Après leur combustion — qui n'est jamais complète — il reste un résidu considérable de gangue et de protosulfure de fer, jusqu'à présent inutilisable, dont les fabriques de produits chimiques sont parfois très embarrassées. — En Angleterre, le résidu de certaines fabriques représente, annuellement, un cube de 25 000 mètres qu'il faut trouver à loger quelque part : ce n'est pas une petite difficulté.

L'acide sulfureux résultant de la combustion des pyrites est introduit dans une chambre de plomb; et c'est alors que, suivant la réaction indiquée par C. Désormes, il se convertit en acide sulfurique, en empruntant l'équivalent d'oxygène à l'acide nitrique, qu'il y rencontre.

La régénération de l'acide nitrique, sous l'influence de l'air et de l'humidité, s'explique par une suite de réactions, très intéressantes dans l'étude de la chimie, mais dont l'énonciation nous entraînerait trop loin.

L'acide sulfurique, recueilli dans les chambres de plomb, contient beaucoup d'eau ; et il est nécessaire, avant de le livrer au commerce, de le concentrer jusqu'au degré voulu (66°). — On se sert, pour cette opération, de chaudières en plomb dans lesquelles on peut pousser jusqu'à 60° la concentration. Le plomb serait attaqué si l'on allait au delà ; l'opération doit se termi-

Fig. 29. — Concentration de l'acide sulfurique.

ner dans des vases distillatoires en verre ou en platine (fig. 29).

L'appareil en platine, bien que fort coûteux, puisque son prix de revient atteint parfois 100 000 francs, est préféré, dans toutes les grandes usines, aux appareils en verre qui exigent des soins, une surveillance incessante que l'on ne saurait attendre de la plupart des ouvriers.

L'acide sulfurique n'est pas concentré lorsqu'on l'ap-

plique à la fabrication du *sulfate de soude;* dans ce dernier cas, on s'en sert tel qu'il sort des chambres de
plomb, c'est-à-dire à 52°. L'opération se pratique généralement, dans des « fours doubles à cuvette » ou dans
des fours simples, précédés d'un moufle. Le chlorure de
sodium (sel marin) y est attaqué par l'acide sulfurique
dont l'action est facilitée par la température de l'appareil.

Les vapeurs d'acide chlorhydrique produites se
rendent dans une série de bonbonnes qui contiennent
l'eau nécessaire à la condensation de cet acide; et le
sulfate de soude résultant est recueilli lorsque, après
s'être débarrassé de la totalité de l'acide, il se présente
sous l'aspect d'une matière friable, granulée.

On possède, dès lors, la matière première de la « soude
artificielle », du produit qui a donné lieu à cette longue
succession d'efforts de la science et de l'industrie. Dans
cet enchaînement d'applications des théories chimiques,
d'améliorations graduelles et incessantes, nous avons
un exemple saisissant de la puissance d'une science lorsqu'elle se cramponne à une idée. « Il nous faut de la
soude artificielle! » Voilà l'idée! Et aussitôt la chimie
saisit cette idée, elle s'y attache, et, en quelques années,
à la place de l'idée, elle nous livre une industrie acquise,
complète : un trésor.

CHAPITRE

L'ACIDE NITRIQU

Le salpêtre, le soufre, le borax et plusieurs autres substances qui donnent naissance à des phénomènes bruyants ou lumineux, lorsqu'elles sont en contact avec le feu, ont été ardemment interrogés par les anciens observateurs. — Le feu était nécessairement le principal réactif dans les laboratoires des premiers chimistes; il y figurait, sans aucun doute, comme le représentant terrestre de la source de toute chaleur, de toute lumière, de toutes les richesses : le Soleil.

C'était toujours au « feu » que s'adressaient d'abord nos ancêtres, lorsqu'ils voulaient étudier une substance, — et si cette substance manifestait alors des propriétés spéciales, comme le salpêtre, par exemple, qui décrépite bruyamment au contact du feu, comme le soufre qui s'enflamme et produit des vapeurs suffocantes, les alchimistes s'y attachaient obstinément et les interrogeaient avec une persistance qui devait produire, tôt ou tard, un résultat inattendu.

C'est probablement de cette façon que les alchimistes

arabes découvrirent l'acide nitrique en calcinant, à tout hasard, un mélange de salpêtre et de terre glaise. — Quatre-vingt-dix-neuf fois sur cent le hasard restait muet, ne répondait rien à des questions semblables; cependant il arrivait parfois que cette divinité octroyait malicieusement à ses adorateurs un résultat bizarre, tout différent de celui qu'ils attendaient, mais qui avait la propriété, en les émerveillant, de les maintenir en haleine.

La calcination d'un mélange de salpêtre et de terre glaise va peut-être transformer tout ou partie de celle-ci en or et en argent; on tente aussitôt l'aventure. Naturellement l'opération ne produit ni or, ni argent; mais voilà quelques gouttes d'un liquide extraordinaire, terrible, qui attaque violemment la plupart des métaux, qui sépare l'or de l'argent, qui détruit les matières organiques et notamment la peau des doigts de l'expérimentateur, lequel s'empresse, conséquemment, de lui donner le nom bien mérité d'*eau-forte* : l'acide nitrique est découvert.

Cette découverte, qui n'eut, à son origine, d'autre intérêt que celui qu'on attache aux choses curieuses, qui resta enfouie, pendant plusieurs générations d'alchimistes, parmi les réactifs secrets de leurs manipulations, devait, dix siècles plus tard, fournir les moyens de fabriquer les immenses quantités d'acide sulfurique qui constituent la base de notre grande industrie chimique.

L'eau-forte avait déjà pris une place importante parmi les réactifs de l'ancienne école; elle avait également trouvé son emploi, non seulement dans l'industrie des métaux précieux, mais encore dans les arts. — La propriété que possède un mélange d'eau-forte et d'*esprit de sel* (acide chlorhydrique) de dissoudre l'or, le *roi* des métaux, lui valut, de la part des anciens chimistes, le nom d'eau *régale* que nous lui avons conservé. — L'eau-forte appliquée à la gravure sur le cuivre devint, entre les mains d'artistes tels que Rembrandt et tant d'autres, un instrument qui leur permit de vulgariser les œuvres de leur génie.

Aujourd'hui ce produit, qui a cessé, dans presque tous les cas, de s'appeler « eau-forte » pour prendre le nom d'*acide nitrique* (ou azotique), est devenu l'un des trois grands acides industriels : l'acide nitrique et l'acide sulfurique en première ligne, et l'acide chlorhydrique.

Ce n'est plus en calcinant un mélange de salpêtre et d'argile que l'on fabrique les grandes quantités d'acide nitrique consommées par l'industrie moderne. — L'ancienne méthode dut être abandonnée lorsque, par suite de la découverte de N. Leblanc, la nécessité de satisfaire à une énorme consommation d'acide sulfurique créa la nécessité solidaire de produire facilement et abondamment l'élément oxydant de l'acide sulfureux : l'acide nitrique. — Curieux enchaînement de réactions ! Pour produire industriellement l'acide sulfurique, il faut le concours de l'acide nitrique; et pour créer industriellement celui-ci, le concours de l'acide sulfurique est indispensable !

La fabrication moderne de l'acide nitrique est basée sur la réaction de l'acide sulfurique sur le salpêtre (nitrate de potasse). Cette réaction s'opère, soit dans des appareils en verre (fig. 30), soit dans des appareils plus vastes, lorsqu'il s'agit d'une grande production.

Dans le premier cas, on introduit dans les cornues E, E, le nitrate de potasse (ou de soude), puis on y verse la quantité d'acide sulfurique nécessaire pour opérer la décomposition, — Aux cols de ces cornues, on ajoute

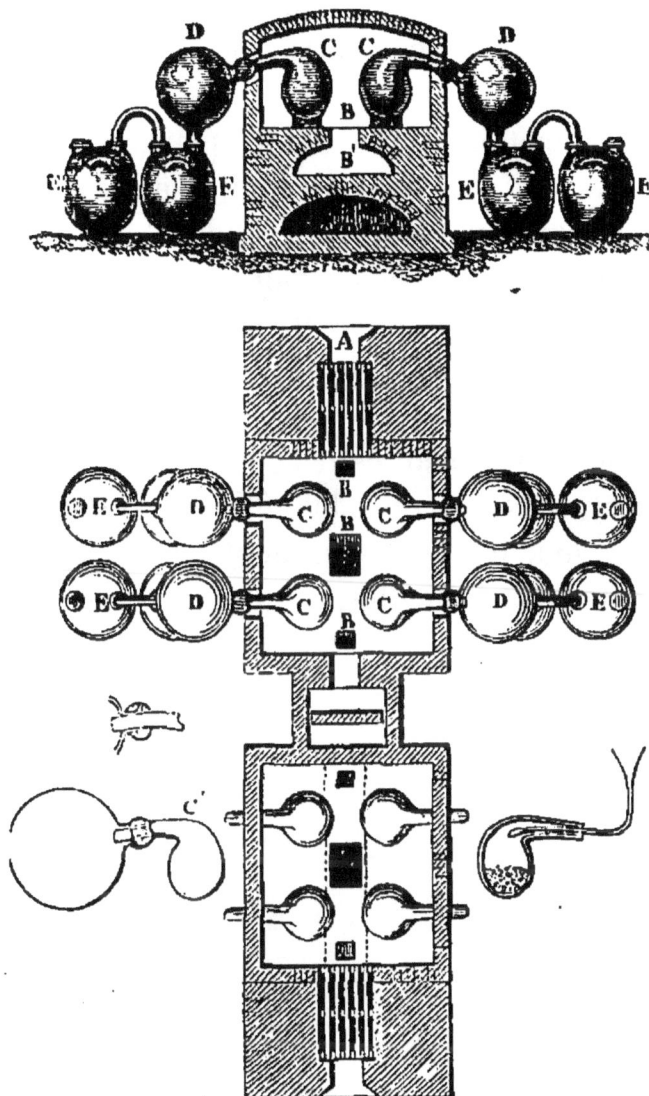

Fig. 50. — Fabrication de l'acide nitrique.

aussitôt les ballons D, D qui communiquent avec une longue série de bonbonnes E, E dans lesquelles les vapeurs acides achèvent de se condenser.

Dans le second cas, les cornues en verre sont remplacées par une chaudière en fonte, fermée par un dôme muni d'une tubulure qui communique, par une allonge, avec l'appareil de condensation. — La réaction, dans les deux cas, est favorisée par la chaleur fournie par des foyers B, B.

La consommation de l'acide nitrique est considérable. — Nous verrons plus loin à combien de réactions l'industrie applique aujoud'hui cet acide. — La principale est la fabrication de l'acide sulfurique ; puis viennent l'affinage de l'or et de l'argent ; la préparation de l'eau régale, des fulminates, de la nitroglycérine, de la nitrobenzine, etc., etc.

En France seulement, cette consommation atteint, annuellement, le chiffre de 4 500 000 kilogrammes. Nous voilà bien loin des quelques gouttes qui brûlèrent le bout des doigts d'Abou-Moussah-Djafar-al-Sofi !

V

LA LUMIÈRE ARTIFICIELLE

CHAPITRE I

LE GAZ ET SES SOUS-PRODUITS

En 1855, je faisais une étude sommaire de la navigabilité de la rivière de Narcea, en Asturies, un des plus pittoresques pays du monde, et en même temps le plus dépourvu, du moins à cette époque, de toute espèce de moyens de communication.

Un soir, que les aventures de notre navigation nous avaient fait échouer sur un point fort éloigné d'une hôtellerie quelconque, nous dûmes demander, dans une petite ferme qui se trouvait à notre portée, une hospitalité que l'on trouve toujours, cordiale et franche, chez ces bons habitants du nord de l'Espagne.

La nuit était venue; la famille de nos excellents hôtes avait serré ses rangs autour du foyer, pour nous y faire

une place — la meilleure — et nous partagions, avec
elle, son frugal souper. — Comme d'habitude, la conversation ne roulait que sur la France, sur Paris surtout;
on accablait de questions le *señor francés*, qui avait bien
de la peine à satisfaire les curieux et notamment les curieuses. — Les questions succédaient aux questions sur
ceci, sur cela; on passait en revue une foule de sujets
très intéressants sans doute pour mes hôtes; mais aucune interpellation, malgré mes insinuations diploma-
tiques pour la faire naître, ne me fut adressée sur l'éclairage des rues et des habitations.

Nous étions plongés dans une obscurité à peu près
complète à peine combattue par quelques petites flammes éphémères du foyer; j'y voyais assez pour répondre
à ces braves gens, mais insuffisamment pour faire arriver, sans accidents, jusqu'à ma bouche, les cuillerées
de *sopa* que je puisais dans l'écuelle placée sur mes genoux. Il était donc bien désirable que l'on trouvât enfin,
dans mes récits sur les merveilles de l'éclairage de
Paris, l'idée bien heureuse, quoique tardive, d'allumer une lampe, une chandelle, un lampion, n'importe
quoi.

Hélas! le motif qui me faisait tenter de donner à notre
conversation cette tournure plutôt qu'une autre
était précisément celui qui mettait mes interlocuteurs
dans la nécessité de la détourner de ce sujet; mes
pauvres hôtes étaient dans un cruel embarras; à l'exception d'un gros cierge que l'on n'allumait que dans des
circonstances tout à fait graves, ils ne possédaient (ci
jour-là?) aucun moyen d'éclairage; ils n'avaient ne
candil, ni chandelle, ni lampion, ni n'importe quoi.

Maintes fois, dans les huttes des Indiens de la Bolivie,

j'ai passé de longues soirées dans l'obscurité, et je ne regrettais que médiocrement l'absence d'un moyen quelconque d'éclairage; il me semblait presque illogique de prolonger artificiellement la durée du « jour » de la vie sauvage, commune à tous les êtres qui ne sont pas noctambules. Il me semblait que ce jour commençant avec le lever devait se terminer avec le coucher du soleil; mais, en Europe, pour faire face aux exigences d'une vie plus difficile, la durée moyenne du jour solaire est tout à fait insuffisante; il est de toute nécessité d'allonger de quelques heures le temps des travaux du corps et de l'esprit; et pour cela, il faut faire succéder à la lumière disparue du soleil une autre lumière qui n'a ni la puissance, ni les qualités de celle qui s'est éteinte, mais qui peut, du moins, la remplacer dans la plupart des besoins de la vie laborieuse : la privation de cette lumière artificielle constitue, en Europe, un véritable malheur. — Aussi, le souvenir de ma soirée *à oscuras* chez les bons paysans des bords de la Narcea est-il resté dans ma mémoire, malgré son peu d'importance, à côté d'autres souvenirs plus agréables du temps que j'ai passé au milieu de cette excellente population des Asturies.

Il y a six ou sept cents ans, il n'eût pas été nécessaire d'aller aussi loin, même de sortir de Paris, pour rencontrer un exemple de cette triste pénurie de luminaire; car alors cette pénurie était presque générale. A l'exception des grands seigneurs, et de quelques hommes opulents qui pouvaient se permettre le luxe des « cierges de cire », et qui en allumaient en quantité suffisante, la partie simplement aisée de la population éclairait les longues soirées d'hiver avec des lampes à un, deux, trois et même quatre becs, dans lesquelles fumait, plutôt que ne brû-

lait une huile nauséabonde. Le commun des martyrs, la
gent taillable et corvéable, n'avait — lorsqu'elle avait
quelque chose — qu'une mince résine que l'on éteignait
sans regret, lorsque sonnait, à sept heures du soir, la
cloche inexorable du couvre-feu.

La chandelle, l'humble chandelle de suif que nous
dédaignons aujourd'hui, ne fut inventée que vers 1150
en Angleterre, et ne pénétra en France que sous Charles V.
Cette invention des chandelles fut le point de départ de
l'éclairage public. Pour mettre un obstacle aux crimes
nocturnes de Paris, on contraignit chaque bourgeois
à allumer une chandelle au-dessus de sa porte; mais les
voleurs et tire-laines préludaient naturellement à leurs
expéditions, en éteignant ces chandelles qu'ils mettaient
soigneusement dans leur poche; et ils faisaient ensuite
leurs affaires comme ils l'entendaient. Il fallut encore
500 ans pour faire éclore, dans la cervelle des édiles
parisiens, l'idée de renfermer ces chandelles dans des
lanternes inaccessibles : ce n'est, en effet, qu'en 1667
que lesdites lanternes furent établies dans les rues de
Paris. Les réverbères à huile n'apparurent que 100 ans
plus tard ; on les trouve encore, aujourd'hui, éclairant
mélancoliquement les tristes petites bourgades où le gaz
n'a pas pu pénétrer.

En 1786, l'ingénieur français Lebon eut, le premier,
l'idée d'employer, pour l'éclairage, les hydrocarbures
à l'état gazeux, et il réalisa son idée, en construisant un
appareil qu'il nomma *thermolampe*, pour indiquer que
sa destination était de produire à la fois la chaleur et la
clarté. C'était une sorte de poêle dans lequel, tout en
dégageant le calorique résultant de leur combustion, le
bois et la houille produisaient, par leur distillation, de

l'hydrogène carboné propre à l'éclairage. Ce que nous appelons par abréviation le « gaz » était inventé.

Cette excellente idée ne put fructifier en France ; elle passa chez nos voisins plus pratiques, les Anglais. En 1792, l'Anglais Murdoch en inaugura l'application, et depuis cette date, le gaz devint un mode usuel d'éclairage dans son pays. De l'Angleterre, où son usage avait développé de nombreux perfectionnements dans sa fabrication, le gaz repassa sur le continent ; son emploi y est devenu général ; il a pénétré presque partout.

C'est par le gaz que les villes éclairent leurs rues, leurs places, leurs théâtres et les monuments publics ; c'est au moyen du gaz qu'elles produisent ces merveilleuses illuminations des jours de fête ; c'est par le gaz que les maisons particulières éclairent leurs vestibules et leurs escaliers ; que les magasins obtiennent la clarté éblouissante qui attire invinciblement l'attention des passants, et fait si bien ressortir les mérites de leurs marchandises ; c'est aussi par le gaz que les usines importantes isolées au milieu des champs éclairent le travail de nuit dans leurs ateliers ; il faut enfin qu'une bourgade soit bien pauvrement habitée, pour que la lumière gaie, vivace du gaz, n'y ait pas remplacé la lueur spleenitique de ses réverbères.

La houille est généralement la matière dont on retire, par sa distillation, l'hydrogène carboné qui sert à l'éclairage : 100 kilogr. de houille grasse, à longue flamme, de bonne qualité, fournissent environ 28 à 29 mètres cubes de gaz. Tout ce qui n'est pas « gaz » constitue, après la distillation, les sous-produits de la fabrication ; nous allons voir, dans un instant, le parti merveilleux que la chimie a su tirer de ces déchets, dont, à l'exception du coke, la valeur a été si longtemps méconnue.

Dans le choix des houilles destinées à la distillation, on donne naturellement la préférence à celles qui contiennent la plus grande quantité d'hydrocarbures, puisque ce sont celles-là qui, à dépense égale pour la distillation, fournissent la plus grande quantité de gaz utilisable. — On a soin d'éliminer celles qui contiennent, en notable quantité, des pyrites (sulfure de fer), attendu que, en dehors de l'acide sulfhydrique dont on peut aisément se débarrasser dans l'épuration du gaz, la distillation simultanée de la houille et de ces sulfures donne naissance au sulfure de carbone *gazeux*, dont la fixation, par des moyens d'épuration, n'est pas encore possible industriellement. Le sulfure de carbone et les autres produits sulfurés volatils, entraînés avec le gaz, donnent lieu, lors de la combustion de ce dernier, à la formation de l'acide sulfureux, qui est, comme chacun sait, fort nuisible à la santé et très désagréable à respirer.

Il est pour ainsi dire impossible de trouver des houilles qui soient complètement exemptes de pyrites, mais il en est beaucoup dans lesquelles la quantité de ce sulfure est assez minime pour permettre d'en accepter l'emploi, à la condition que, par des moyens suffisamment efficaces d'épuration, le gaz produit ne contiendra plus que des quantités assez faibles de sulfures volatils, et que son usage cessera d'être dangereux pour nos organes respiratoires. C'est encore, en dehors de quelques moyens purement physiques, à la chimie qu'il a fallu s'adresser pour se procurer ces moyens d'épuration. L'épuration physique consiste principalement dans la condensation, par des appareils à surfaces, des eaux ammoniacales et du goudron liquide.

L'épuration chimique (fig. 54) a pour objet d'absorber, avant qu'ils puissent entrer dans les gazomètres, les produits volatils d'ammoniaque, l'acide sulfhydrique, le sulfhydrate d'ammoniaque. Dans un grand nombre de petites usines, on se contente encore aujourd'hui, pour

Fig. 54. — Épurateur chimique.

débarrasser le gaz des produits sulfureux qu'il entraîne, de le faire passer à travers de la chaux éteinte en poudre, qui se transforme alors en sulfate, sulfite et hyposulfite de chaux; mais il est démontré que ce moyen est insuffisant pour absorber la totalité du sulfhydrate d'ammoniaque et de l'acide sulfhydrique. Dans les grandes usines, on a recours à une réaction beaucoup plus efficace, et qui se fait surtout remarquer par une circonstance originale : la révivification de l'agent épurateur. Nous voulons parler de l'épuration par le peroxyde de fer (Fe^2O^3).

Pour augmenter les surfaces de contact, on mélange le peroxyde pulvérisé avec de la sciure de bois, et c'est à travers ce mélange caverneux, placé dans les caisses d'épuration, que le gaz impur doit filtrer d'abord. L'acide sulfhydrique réagissant sur le peroxyde de fer le transforme en sulfure, et il y a, en même temps, production de soufre libre et d'eau. — Si l'on expose ensuite à l'air la poudre renfermant ces nouveaux produits, le sulfure de fer se transforme en sulfate de protoxyde, qui, empruntant à l'air un nouvel atome d'oxygène, se transforme lui-même en sulfate de peroxyde.

La révivification de ce dernier produit (sulfate de peroxyde) s'obtient en l'utilisant pour débarrasser le gaz de l'*ammoniaque* qu'il contient encore. En effet, en faisant passer le gaz, chargé d'ammoniaque gazeux, à travers ledit sulfate de peroxyde, l'ammoniaque s'empare avidement de l'acide sulfurique de ce sel, et le peroxyde de fer est mis en liberté, prêt à jouer le même rôle dans de nouvelles épurations : il est révivifié. — L'acide carbonique, qui se produit en quantité plus ou moins notable dans les cornues, doit être également éliminé; attendu qu'une faible proportion (2 pour 100) de cet acide gazeux suffit pour enlever 10 pour 100 du pouvoir éclairant du gaz; on le fait absorber par la chaux fusée en poudre qui passe à l'état de carbonate. La chimie, comme on voit, a réponse à tout.

Malgré toutes ces précautions, le gaz d'éclairage n'arrive pas au bec où il doit se brûler, exempt de tout mélange avec des produits sulfureux volatils; il en reste

assez pour que les peintures à base de plomb, soumises
à son action, soient profondément attaquées par l'acide
sulfureux; elles noircissent au grand mécontentement
des consommateurs de ce mode d'éclairage.

Le gaz n'est pas seulement employé à l'éclairage, on
lui donne, en plus, une application importante : le chauffage. Au premier abord, on doit supposer que ce mode
de chauffage est irrationnel; car, au prix de 30 centimes
le mètre cube que coûte le gaz à Paris, la dépense
résultant d'une consommation relative de ce combustible gazeux serait, par rapport à la houille ou au coke
— et pour obtenir une chaleur égale — environ quatre
fois plus forte que celle entraînée par la consommation
directe de ces deux combustibles solides.

Mais, si l'on considère que le gaz, brûlant dans un
appareil convenable, donne immédiatement son effet
utile calorifique, tandis que, pour s'allumer d'abord et
échauffer ensuite les cheminées dans lesquelles ils se
consument, les deux combustibles solides doivent, nécessairement, supporter une forte dépense afférente aux
deux phases de l'allumage et de l'extinction, on s'aperçoit que cette différence de prix entre les deux modes
de chauffage perd beaucoup de son importance.

La même observation peut être faite à l'application du
gaz dans les machines motrices à hydrogène et à air
chaud (moteur Lenoir). Il est certain que, employé de
cette façon en qualité de combustible usuel, le gaz tri-
plerait au moins le prix de revient de la force motrice,
et devrait être repoussé; mais lorsqu'il s'agit d'une
force motrice ne fonctionnant qu'accidentellement, par
intervalles, devant produire instantanément un « coup
de collier » et s'arrêter, il est certain que cette élé-

vation du prix de revient disparaît complètement, et
s'efface devant une foule d'avantages qu'il est aisé de
comprendre sans autres explications.

Avant de nous occuper des sous-produits de la fabrication du gaz, disons deux mots d'une matière, autre
que la houille, dont on retire également le gaz d'éclairage, et que l'on applique dans tous les cas où une
grande installation n'est pas possible; et, par suite,
lorsque les sous-produits de la distillation de la houille
ne sauraient être recueillis avec profit. Nous voulons parler du *bog-head*, qui est, pour le motif que nous venons
d'énoncer, la matière généralement employée dans les
gazomètres particuliers.

Le bog-head est un schiste bitumineux que l'on rencontre surtout en Écosse, et qui, à la distillation, donne
un gaz dont le pouvoir éclairant est quadruple de celui
du gaz de houille. Voici une analyse de bog-head que
nous avons faite en 1862 :

Matières bitumineuses.	76.3
Argile..	22.7
Eau, perte..	1.0
	100.0

Cette matière fournit un volume de gaz au moins égal,
sinon supérieur, à celui des bonnes houilles; mais son
gaz est infiniment plus carburé que celui de ces dernières. Il en résulte que, bien que le payant 1 franc le
mètre cube au lieu de 30 centimes que coûte le gaz de
houille, le consommateur trouve avantage à l'employer,
attendu que quatre mètres cubes de gaz ordinaire
(1 fr. 20) ne produisent pas plus de lumière qu'un mètre
cube (1 franc) de gaz de bog-head.

Le prix de 30 centimes le mètre cube, que la Compagnie
Parisienne fait payer au consommateur, produit à celui-c
une économie notable sur tous les autres modes d'éclairage, à l'exception du gaz du bog-head. Voici, du reste,
un tableau des prix comparés de divers éclairages, dans
lequel l'intensité de lumière d'une lampe Carcel est
prise pour base de calcul[1].

	MODE D'ÉCLAIRAGE.	QUANTITÉS CONSOMMÉES PENDANT UNE HEURE.	PRIX.	DÉPENSE PENDANT UNE HEURE.
1 heure d'éclairage coûte en employant :	Bougies stéariques......	62 gram.	2f.80 le k.	0f.17.6
	Huile de colza épurée (lampe carcel)........	42 —	1f.60 —	0f.06.6
	Chandelles.............	80 —	1f.50 —	0f.12
	100 litr. de gaz de houille.	50 —	0f.30 le m.	0f.03
	25 — de bog-head.....	25 —	1f.00 —	0f.02.5

On voit, par ce tableau, que le prix d'éclairage par le
gaz n'est que le sixième de celui de l'éclairage par la
bougie, et la moitié de celui de l'éclairage par une
lampe Carcel. Voilà, certes, un joli résultat; que ne se-
rait-il pas si la Compagnie Parisienne voulait se déclarer
satisfaite du bénéfice de 25 pour 100 qu'elle réalise en
vendant, à raison de 15 centimes le mètre cube, son gaz
à la Ville de Paris! Mais il paraît que 150 pour 100 de
bénéfice lui semblent préférables, et elle a soin de les
réaliser en vendant 30 centimes son gaz aux simples consommateurs. — Le gaz lui coûte en *frais spéciaux*

1. Payen, *Chimie industrielle.*

(comptes « matière » et « main-d'œuvre ») *deux* centimes le mètre cube ; les *frais généraux* (!) élèvent à *douze* centimes, net, le coût dudit mètre cube, que nous payons, répétons-le, *trente* centimes. Mais cette affaire n'est pas du ressort de la chimie, nous ne pouvons que la signaler à l'attention de quelque esprit inventif, qui, frappé de cette monstruosité, s'attachera, en reprenant peut-être l'idée de la *thermolampe* de Lebon, à combiner un système de production de chaleur et de lumière qui nous délivrera de l'omnipotence de la grande Compagnie.

Quelques tentatives ont été faites pour produire un gaz dont les qualités éclairantes fussent supérieures à celles du gaz de la houille, et l'on y est aisément parvenu ; mais dans les systèmes étudiés, il n'y avait pas à compter sur des sous-produits pour couvrir les frais de production du gaz ; on restait donc en présence d'une dépense sèche, c'est-à-dire que le prix de revient *brut* du gaz, au lieu d'être ramené à *rien*, comme celui du gaz de houille, par le fait de la vente des sous-produits, devait être augmenté des frais généraux auxquels une industrie ne saurait échapper.

Dans le nombre (fig. 52), nous citerons les diverses tentatives faites dans le sens d'une carburation *mécanique* de l'hydrogène pur ; et parmi celles-ci, le procédé d'Isoard qui consistait à produire de l'hydrogène, en faisant réagir de l'eau en quantités dosées, sur des riblons de fonte surchauffée, et à charger ensuite de carbone cet hydrogène, à une température élevée, en le faisant filtrer à travers des réseaux, imbibés de goudron liquide ou de tout autre hydrocarbure.

Plus récemment on a fait l'essai (que l'on poursuit encore, croyons-nous) d'un gaz auquel on a donné le nom d'*oxyhydrique*, et qui est la reproduction du système Drummond.

Le système Drummont repose sur cette propriété bien connue, que possède l'oxygène, d'augmenter, énormément, l'éclat de la lumière des corps en ignition (fig. 6). L'air atmosphérique ne contenant que 21 pour 100

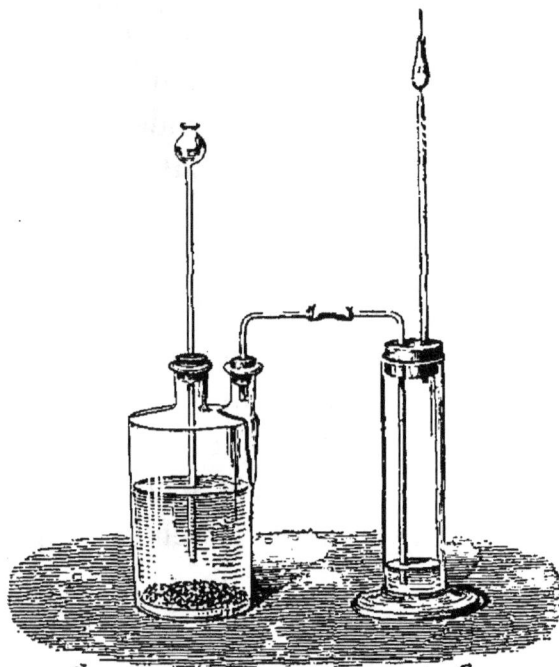

Fig, 32. — Hydrogène rendu éclairant.

d'oxygène ne produit que le cinquième de l'activité de combustion obtenue avec l'oxygène pur; donc, l'éclat de la lumière — le pouvoir éclairant — de l'hydrogène bicarboné du gaz, sera quintuplé si, au lieu de le faire brûler avec le concours de l'air, on le fait brûler avec l'oxygène pur. — Si maintenant, au lieu de laisser brûler librement les deux gaz, on oblige leur flamme à envelopper un petit sphéroïde, ou, mieux encore, un

petit cylindre de matière blanche infusible, telle que
la chaux ou la magnésie, qui devient extrêmement lumineuse, ce cylindre, après les avoir condensés, disperse
au loin les rayons dont l'intensité lumineuse est encore
exaltée par cette réflexion. — Cette dernière amélioration de la lumière Drummond est due à l'ingénieux
métallurgiste, M. Galy-Cazalat. — Restait toujours la
difficulté de produire économiquement de l'oxygène.

Le problème avait été déjà en partie résolu par
M. Boussingault qui transformait — suivant un procédé
indiqué par Thénard — la baryte (BaO) en *baryte oxygénée* (BaO^2), en faisant passer de l'air sec sur la baryte
portée au rouge sombre. Puis, en augmentant la chaleur jusqu'au rouge vif, et supprimant le courant d'air,
le bioxyde perdait l'atome d'oxygène qu'il venait d'acquérir (et qui était alors recueilli), et il redevenait BaO
comme devant, pour se réoxyder et désoxyder indéfiniment par le même procédé.

M. Tessié du Mothay a trouvé, dans le permanganate
de soude, une matière plus apte que le bioxyde de
baryte à fournir économiquement de grandes quantités
d'oxygène, par des oxydations et des désoxydations alternatives. En faisant passer de la vapeur d'eau surchauffée
à travers le permanganate sodique porté à une température de 450°, il lui enlève un atome d'oxygène,
qu'il lui restitue ensuite en substituant, à la vapeur
d'eau, un courant d'air chaud.

Pendant quelque temps, on a vu plusieurs candé-
labres de la place de l'Hôtel-de-Ville éclairés par le
gaz oxyhydrique de M. Tessié du Mothay, et l'on a pu
constater que ce gaz possédait une intensité de lumière
telle, que les becs avoisinants, alimentés par le gaz de

la Compagnie Parisienne, rappelaient involontairement
le bon temps où une chandelle fumeuse brûlait triste-
ment dans une lanterne du moyen âge. N'oublions pas
que, grâce au petit cylindre de magnésie dont nous parlons plus haut, la lumière du gaz de M. Tessier du Mothay joignait, à son extrême intensité, une fixité parfaite.

Nous ne sommes pas renseigné sur le prix de revient
du gaz oxyhydrique, mais le calme ayant succédé à
l'émotion manifestée par les intéressés de la Compagnie
Parisienne, lorsque le nouveau gaz est apparu, nous devons supposer que son prix est malheureusement assez
élevé. Revenons au gaz de la houille et à ses sous-
produits.

Dans les conditions actuelles de sa fabrication, la
Compagnie Parisienne du gaz recueille, après la distillation de 100 kilogr. de houille (en dehors du gaz, et déduction faite du coke consommé dans la fabrication) les
produits suivants :

    55.00 kilogr. de coke.
     6.75   —   de goudron.
     7.50   —   d'eaux ammoniacales.

Le coke, qui est le plus important de ces sous-produits, est entièrement absorbé aujourd'hui par les foyers
domestiques ; si l'on parvenait à le rendre plus dur, plus
résistant, on pourrait encore l'appliquer aux arts métallurgiques et au chauffage des locomotives ; mais puisque
son emploi est avantageusement trouvé, il n'y a plus à
s'en occuper. Nous ne négligerons pas autant les eaux
ammoniacales et surtout le goudron, ce résidu si longtemps dédaigné, embarrassant, de la fabrication du
gaz, et dont la chimie a su tirer un parti merveilleux.

Les eaux de condensation du gaz d'éclairage contiennent de nombreux sels ammoniacaux (carbonate, chlorhydrate, acétate, sulfhydrate et sulfocyanhydrate) dont la formation est due à la décomposition, par la calcination, des matières azotées contenues dans la houille.

A l'état de vapeurs ammoniacales, ces sels, passant à travers le sulfate de fer de l'épuration, se transforment, comme nous l'avons vu plus haut, en *sulfate d'ammoniaque*, qui reste dans les eaux de condensation. Toute la partie de ces vapeurs qui s'est condensée avant de traverser l'épurateur reste également dans les mêmes eaux de condensation. Celles-ci contiennent donc, en résumé, la presque totalité des principes ammoniacaux développés par la calcination de la houille, sous plusieurs formes différentes, et c'est dans cet état que les usines à gaz les livrent aux ateliers de fabrication de produits ammoniacaux.

A une densité de 2 degrés et demi (de l'aréomètre de Baumé) les eaux produisent, par hectolitre, environ 6 kilogr. de sulfate d'ammoniaque, que l'on obtient par diverses réactions qui se résument ainsi. — Dans un premier vase en tôle, muni d'un agitateur, et chauffé, on introduit l'eau ammoniacale brute, à laquelle on ajoute de la chaux en bouillie. Sous l'influence de la chaleur, l'agitateur renouvelant sans cesse les surfaces, la chaux s'empare de la presque totalité des acides des différents sels ammoniacaux, et l'ammoniaque est mise en liberté.

Volatile à une température inférieure à celle de l'évaporation de l'eau, l'ammoniaque s'échappe de ce premier vase par un tube adapté sur le couvercle et va se rendre, accompagnée de vapeur d'eau, dans un second vase contenant du lait de chaux, dans lequel elle barbote et s'épure. De ce second vase, elle passe dans une série de serpentins rafraîchis extérieurement par de l'eau froide, elle s'y condense et vient couler dans des récipients également rafraîchis.

Lorsqu'elle marque 21 degrés (Cartier), on la soutire dans des bonbonnes en grès, et on la livre alors au commerce sous le nom d'*alcali volatil*.

Si l'on veut produire le *sulfate d'ammoniaque*, au lieu de faire condenser, dans les serpentins, l'ammoniaque en vapeur, on la fait pénétrer, par le fond, dans un bassin doublé en plomb et contenant une certaine quantité d'acide sulfurique à 52 degrés (non condensé). En traversant cet acide, les vapeurs d'ammoniaque sont immédiatement absorbées et transformées en sulfate d'ammoniaque.

Le sulfate d'ammoniaque, dont la production annuelle, dans les usines à gaz de Paris, s'élève, dit-on, à plus de deux mille tonnes, est appliqué, en partie, à la fabrication de l'alun ammoniacal. — L'agriculture en utilise également une grande quantité comme *engrais azoté* à composition constante, laquelle représente 18 pour 100 d'azote: Il se vend de 30 à 35 francs les 100 kilogr.; et, par le fait, cet ancien débris *embarrassant* de leur fabrication fait faire, aux usines à gaz de Paris, une recette annuelle de 700 000 francs.

Nous avons vu qu'en dehors du gaz et des produits ammoniacaux, la distillation de la houille entraînait du goudron (coaltar), qui se dépose dans les différents appareils de condensation, où il est recueilli.

Noir, poisseux, tenace, le goudron avait, naguère, dans la famille même du gaz, un rôle aussi effacé que

celui de Cendrillon parmi ses sœurs. Difficile à manier,
à embariller, à emmagasiner, plus difficile encore à
vendre, on ne savait qu'en faire et comment s'en défaire,
lorsqu'une fée bienfaisante est venue, d'un coup de baguette, transfigurer cette triste destinée. Nous allons
voir quel admirable parti la chimie a su tirer de cet
ancien paria des usines à gaz : — le sujet mérite que
nous soyons un peu moins sobre de détails.

Déposé dans les appareils de condensation, le goudron est déversé dans des citernes, où on le laisse sé-
journer jusqu'à ce qu'il se soit spontanément séparé des
eaux ammoniacales. Il est ensuite transvasé, à l'aide
d'une pompe, dans de vastes chaudières horizontales,
munies d'un chapiteau d'alambic, qui est suivi d'un serpentin entouré d'eau froide (fig. 33).

A leur partie supérieure, ces chaudières sont également munies d'un « trou d'homme » qui permet leur
nettoyage et leurs réparations, et à la partie inférieure
se trouve un tuyau de purge pour l'écoulement du *brai*,
qui est le résidu de l'intéressante distillation que nous
allons suivre. Disons encore que, pour éviter les « coups
de feu » qui altéreraient les produits volatils, les chaudières ne sont pas en contact direct avec le feu ; elles
sont posées sur l'extrados d'une voûte mince qui les en
sépare ; elles sont aussi chauffées par les gaz du foyer,
qui circulent autour d'elles, par des carneaux, sur les
deux tiers inférieurs de leur hauteur ; c'est à peu près
l'espace occupé par le goudron dans ces chaudières.

La distillation du goudron est conduite de façon à
produire, successivement, des températures de plus en
plus élevées, qui sont indiquées par un thermomètre
placé sur le chapiteau de l'alambic. Le succès de l'opé-

Fig. 53. — Distillation du goudron.

ration réside tout entier dans l'observation rigoureuse de la durée et de la limite de ces températures. Ici, le feu est le réactif, le chauffeur est le chimiste.

Dans la première phase de sa distillation, et par une température qui ne doit pas dépasser 200°, on ne sépare, du goudron, que ce que l'on appelle l'*essence légère*, dont le produit principal ultérieur est la *benzine*.

Dans la seconde phase de la distillation, et entre 200 et 220°, on retire les *huiles lourdes*, qui produisent ultérieurement l'*aniline*, le *phénol*, la *naphtaline*.

La troisième phase, qui exige une température d'au moins 300°, produit surtout de la *paraffine*, que l'on rencontre dans l'huile, plus lourde que l'eau, distillée à cette température élevée. Ce qui reste alors dans la chaudière, c'est le *brai*, qui est recueilli par le tuyau de purge, et que l'on utilise dans la fabrication des charbons agglomérés.

Quelquefois, cependant, au lieu de recueillir ce brai, on pousse encore plus loin la distillation, en élevant la température jusque vers le rouge naissant ; et l'on obtient ainsi des hydrocarbures solides, tels que la *paranaphtaline*. Il faut, après cela, déboucher le trou d'homme, et retirer, par cette ouverture, une sorte de coke très compacte et très dur, qui est le résidu, jusqu'à présent définitif, de l'opération.

On a donc obtenu successivement : 1° des huiles légères ; 2° des huiles lourdes ; 3° des huiles plus lourdes ; 4° du brai, et si l'on va plus loin, des hydrocarbures solides. Examinons la préparation des produits principaux qui dérivent de ces diverses matières.

Fabrication de l'aniline et de ses couleurs. — Les « huiles légères, » de même que le goudron dont elles ont été extraites, renferment un grand nombre de produits hydrocarburés, dont les propriétés sont très dissemblables ; par rang d'importance, se présente tout d'abord le *benzol*, dont on extrait l'aniline.

Pour obtenir ce benzol, on ajoute aux huiles légères, mises préalablement dans un vase clos, en plomb, 4 à 5 pour 100 de leur poids d'acide sulfurique. On agite ce mélange afin de mettre, autant que possible, l'acide sulfurique en contact avec les alcaloïdes et quelques hydrocarbures tels que la naphtaline, dont il s'empare en se combinant. Lorsque cette réaction est accomplie, on soutire l'acide, et on le remplace par une lessive de soude, qui a pour mission de purger les huiles des acides et du phénol qui peuvent s'y rencontrer. Cette première purification est suivie d'une rectification par distillation (fig. 54), et le produit résultant est la *benzine*, que tout le monde connaît.

C'est de la benzine que l'on extrait le *benzol* par une nouvelle distillation à une température qui ne doit pas dépasser 120°. Ce qui reste dans l'alambic après cette distillation est considéré comme « huile lourde » et reçoit l'application de ce produit dont nous nous occuperons dans un instant.

Le benzol est, à son tour, transformé en *nitrobenzine*, que les parfumeurs emploient sous le nom « d'essence de mirbane » pour donner, à leurs savons fins, l'odeur d'essence d'amandes amères. — Cette transformation du benzol en nitrobenzine se réalise en faisant réagir l'acide nitrique concentré sur le benzol.

Nous voici déjà bien éloignés de notre point de départ : la houille, qui a fourni le gaz qui nous éclaire ; et nous ne sommes pas encore arrivés au terme de notre course.

— Nous n'avons encore que la *matière première* de l'aniline, et nous pouvons déjà calculer que, pour arriver
jusque-là, pour produire *un kilogr.* de nitrobenzine, il
nous a fallu distiller environ 3 000 kilogr. de houille de

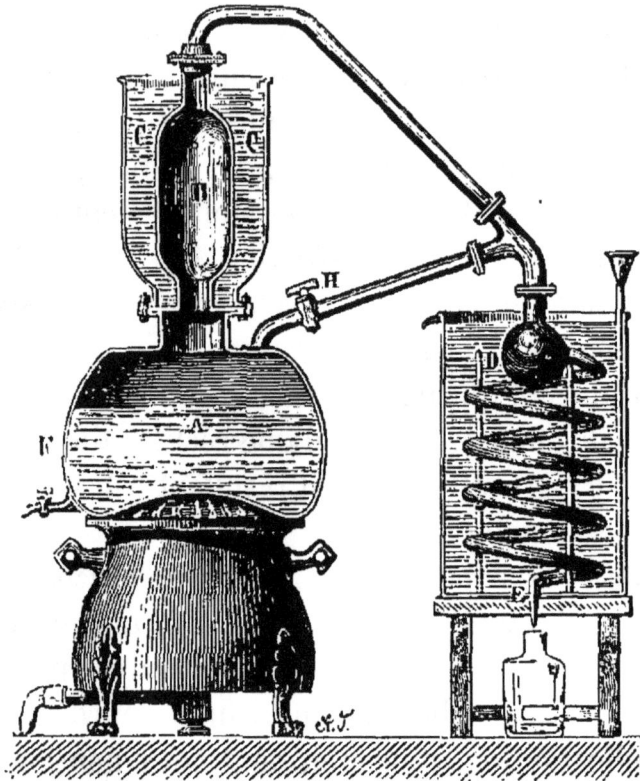

Fig. 34. — Distillation de la benzine.

Mons et passer, sans accidents, par une foule de réactions diverses.

La transformation de la nitrobenzine en *aniline* est
plus compliquée : deux réactifs doivent intervenir, l'a-
cide acétique et le fer ; voici comment on procède. La
nitrobenzine et l'acide acétique sont mélangés en parties
égales ; puis, on introduit peu à peu, dans ce mélange,
une autre partie de limaille de fer très fine. La masse

s'échauffe sensiblement et finit par prendre la consistance d'un mortier épais, sa couleur est alors brun
de rouille. On ajoute ensuite de la chaux pour neutraliser l'acide, et on distille le mélange pâteux dans des
cornues réfractaires. — A la température du rouge
sombre, l'aniline se dégage et se condense dans un serpentin constamment rafraîchi par l'eau froide : — Dans
cet état, elle n'est pas pure et a besoin d'être rectifiée
deux fois pour être débarrassée de l'acétone, de la benzine, etc., qui ont distillé avec elle.

Pure, l'aniline doit présenter les caractères suivants :
sa densité doit être un peu supérieure à celle de l'eau ;
elle doit se dissoudre complètement dans l'acide sulfurique et dans l'acide chlorhydrique et rester limpide ;
enfin son point d'ébullition ne doit pas être au-dessous
de 190 à 200°. — Mais ces caractères ne peuvent que
faire présumer sa bonne qualité ; celle-ci ne saurait être
établie, au point de vue de sa valeur commerciale, que
par l'essai de son rendement en matière colorante ; et
c'est ce que l'on fait : on la *titre*.

L'aniline, qui était vendue 50 francs le kilogr., il y
a une douzaine d'années, se vend aujourd'hui 3 francs.
L'abaissement énorme dans le prix de ce produit
est dû, en partie, à l'extension considérable de sa
fabrication (10 000 kilogr. par jour en Europe), et
aussi à tous les perfectionnements que la science et
l'expérience ont introduits graduellement dans sa préparation.

Les *nuances* dérivées de l'aniline sont aujourd'hui
tellement nombreuses, qu'il ne nous est pas possible de
chercher à les énumérer ; nous en omettrions quelques-
unes ; bornons-nous donc à citer, parmi les *couleurs* qui

engendrent ces nuances, celles qui se font remarquer par leur splendeur.

Le *violet* s'obtient par une infinité de procédés qui reposent, tous, sur la réaction des oxydants sur les sels d'aniline (sulfate, acétate, nitrate). Celui que l'on emploie généralement, le procédé de Perkin modifié par Franc et Tabourin, consiste à dissoudre un kilogr. d'aniline dans 500 grammes d'acide sulfurique, étendu de deux fois son volume d'eau. On introduit dans cette solution 1 500 grammes de bichromate de potasse, et la réaction laisse une masse noirâtre, composée d'un mélange de violet d'aniline, d'oxyde chromique et d'une résine dont on débarrasse la couleur par plusieurs lavages à l'eau bouillante : 100 kilogr. d'aniline produisent environ 80 kilogr. de violet en pâte.

Le *rouge* d'aniline, que l'on nomme encore, suivant les nuances, *fuchsine, solférino, magenta*, etc., s'obtient par des procédés également très nombreux[1]; celui dans lequel on fait usage de l'acide arsénique est le plus généralement appliqué. — L'aniline est déjà, par elle-même, un poison très énergique; c'est assez dire qu'en ajoutant les effets si toxiques de l'acide arsénique à sa manipulation dangereuse, on multiplie les chances des plus graves accidents. — Nos dames, que les belles couleurs de l'aniline ravissent, ne se doutent guère à quel prix on a peut-être obtenu la charmante nuance rouge ou violette de leurs jupons !

1. Nous voulions donner ici les noms de tous les chimistes qui sont les auteurs des nombreux procédés de fabrication de l'aniline et de ses dérivés: déjà nous avions inscrit Perkin, Hofmann et quelques autres, mais nous nous sommes aperçu que deux pages n'y suffiraient pas. Plus de 160 chimistes devraient être cités. Trois ou quatre cents brevets ont été pris.

Le rouge, à peu près inoffensif, obtenu avec le bichlorure d'étain, est certainement très beau, mais il faut convenir qu'il n'est pas tout à fait aussi brillant que celui qui provient de la réaction arsenicale ; c'est un motif suffisant pour s'empoisonner galamment en mettant en pratique cette dernière.

Dans une chaudière de fonte émaillée, on introduit 150 kilogr. d'aniline et 210 kilogr. d'acide arsénique. Cette chaudière ne saurait être trop soigneusement fermée par un couvercle, muni d'un chapiteau avec serpentin. On chauffe en agitant le mélange, et lorsque celui-ci a atteint la température d'ébullition de l'aniline (200° environ), une partie de cette substance va se condenser dans le serpentin sans avoir été atteinte par la réaction de l'acide arsénique, qui ne se produit qu'après deux ou trois heures de chauffage.

Lorsque cette réaction est effectuée, on arrête le feu, on verse de l'eau sur le mélange pour le délayer, et on ajoute 40 kilogr. de carbonate de soude qui transforme l'excès d'acide arsénique en arséniate de soude ; le reste de la masse est le *rouge brut* ou *arséniate de rosaniline*. On fait écouler l'arséniate de soude, et on lave avec une nouvelle eau légèrement alcaline le rouge brut obtenu. En soumettant l'arséniate de rosaniline à une ébullition prolongée dans une dissolution de chlorure de sodium (sel marin), aiguisée avec un peu d'acide chlorhydrique, on le transforme en *chlorhydrate de rosaniline*, qui est le beau rouge dont nos dames raffolent.

En dehors du mérite de la belle couleur rouge que produit son chlorhydrate, la rosaniline a une extrême importance comme base des splendides couleurs, autres que le rouge, qui en dérivent : ainsi le *brun*, qui est obtenu en traitant le chlorhydrate de rosaniline par le zinc métallique ; le *jaune*, en traitant ce sel par l'acide hypophosphoreux ; le *violet*, le *bleu*, en traitant la rosaniline par l'aniline.

Parlerons-nous du *noir* d'aniline et de tant d'autres couleurs ? n'avons-nous pas assez dit pour faire remarquer ce que peut la chimie, lorsqu'elle s'attache, comme elle l'a fait pour le goudron de gaz, à une matière en apparence peu intéressante, et le parti qu'elle en sait tirer !

Quelques applications des huiles lourdes du goudron. — L'acide *phénique*, dont l'heureuse application à la désinfection des matières putrides a fait, depuis quelques années, une substance du plus haut intérêt, est encore un produit du goudron de gaz. C'est en coagulant l'albumine qu'il s'oppose à la fermentation et à la putréfaction dans les plaies de mauvaise nature ; employé à très faible dose à l'intérieur, il est considéré comme un dépuratif très énergique, et comme un excellent préservatif des maladies contagieuses. Il est surtout un puissant destructeur de toutes les végétations cryptogamiques. On le prépare en mélangeant, par agitation, l'huile *lourde* de goudron avec une dissolution concentrée de potasse, et il se forme un phénate de potasse, soluble dans une certaine quantité d'eau. — Après avoir décanté cette dissolution, on y verse graduellement, et jusqu'à saturation, de l'acide chlorhydrique, qui s'empare de la potasse, et l'acide phénique, peu soluble dans l'eau, se sépare. Par deux lavages et deux cristallisations successives, on le purifie et il peut alors être appliqué à tous ces emplois.

L'*acide picrique*, dont le nom rappelle immédiatement

le picrate de potasse, qui a fait, récemment, tant de bruit et de si triste besogne, est également un produit des *huiles lourdes* du goudron ; il est avantageusement employé pour teindre la soie en diverses nuances jaunes. Pour l'obtenir, on fait d'abord chauffer, dans un vase suffisamment spacieux, une certaine quantité d'acide nitrique, et l'on y verse peu à peu, au moyen d'un tube qui pénètre jusqu'au fond du vase, l'huile lourde du goudron. Une vive effervescence se manifeste, et ne permet d'introduire, chaque fois, qu'une faible quantité de cette huile dans l'acide. La masse s'échauffe, et l'acide carbonique, mêlé au bioxyde d'azote, s'échappe en abondance.

Après la transformation, que l'on complète par un excès d'acide nitrique, on fait évaporer, jusqu'à consistance épaisse, le liquide, qui devient tout à fait pâteux en refroidissant. On lave alors à grande eau pour enlever l'excès d'acide nitrique qui se trouverait dans la masse, et celle-ci est enfin purifiée, en la dissolvant dans de l'eau bouillante légèrement acidifiée par l'acide sulfurique.

L'acide picrique qui est le résultat de ces diverses opérations, se présente sous l'aspect de cristaux d'un beau jaune citrin. Il se dissout dans l'alcool et l'éther ; sa puissance, comme matière colorante, est extrême : car 1 kilogr. d'acide picrique suffit pour teindre en jaune vif 1 000 kilogr. de soie. On a constaté que les tissus d'origine végétale ont besoin d'être préalablement albuminés, pour pouvoir profiter des avantages économiques de cette teinture.

C'est encore à l'huile lourde de goudron que l'on a recours pour extraire, économiquement et complétement, la quinine de l'écorce de quinquina.

Lorsque l'écorce, réduite en poudre, a été attaquée par la chaux, on en forme des tourteaux qui sont pulvérisés de nouveau après dessiccation. On les mélange et on les brasse alors avec l'huile lourde chauffée à la température de l'eau bouillante. L'alcaloïde quinique se dissout dans l'huile, que l'on décante alors et que l'on verse dans un vase conique, muni d'un robinet de soutirage. On recommence la même opération jusqu'à épuisement des tourteaux, et toutes les huiles étant réunies dans le vase conique, on y verse, en agitant continuellement, de l'acide sulfurique très étendu qui s'empare des bases et forme, avec elle, des sulfates (sulfate de quinine) solubles qui, plus denses que l'hydrocarbure, se déposent dans la pointe du cône, tandis que l'hydrocarbure surnage. On soutire alors la solution de sulfate par le robinet de vidange ; on la purifie en la faisant bouillir avec du charbon animal, puis on la fait cristalliser. Ce procédé est dû à M. Barry.

Malgré notre désir d'indiquer, de cette manière sommaire, les produits principaux que l'on retire directement ou indirectement du goudron de gaz, il nous est impossible de nous étendre davantage sur cet inépuisable sujet. Nous nous bornerons donc à citer deux derniers produits, solides tous deux, de la distillation du goudron : la *paraffine* et la naphtaline, dont nous voulons dire deux mots.

La *naphtaline*, découverte dans le goudron de houille par Garden, vient obstruer les tubes et les serpentins par lesquels passent les derniers produits de la distillation du goudron, si l'on ne prend pas soin d'élever suffisamment leur température, au lieu de l'abaisser, comme on le fait lorsque passent les produits de cette distillation qui doivent être liquéfiés.

Laurent a fait, sur la naphtaline, des recherches très intéressantes ; il a prouvé que cette substance, par la substitution d'un atome d'hydrogène par un atome de brome, de chlore, etc., engendrait une foule de dérivés dont nous ne saurions nous occuper ici.

La naphtaline est très utile, en agriculture, pour la destruction des insectes. Le *man*, cette larve si vorace du hanneton, ne peut résister, parait-il, à l'odeur de la naphtaline, qui l'asphyxie aussitôt qu'il remonte à la surface d'un terrain, sur lequel on a répandu du sable mélangé à cette substance.

On recueille la naphtaline, à l'état de cristaux, dans les appareils de condensation, ainsi que dans les huiles lourdes de goudron que l'on a laissées reposer. Ces cristaux sont d'abord débarrassés de l'huile liquide par un essorage dans des turbines animées d'une grande vitesse ; on les soumet ensuite à une sublimation dont les produits sont recueillis dans un tonneau en bois, le fond inférieur de celui-ci est percé d'une ouverture égale, en section, à l'orifice de la chaudière dans laquelle la naphtaline est chauffée et sublimée (fig. 35), et que ce tonneau vient coiffer. — Les vapeurs dégagées se condensent sur les parois du tonneau, dont le fond supérieur est percé d'un petit trou qui évite la pression dans l'appareil, en permettant à la vapeur non condensée de se dégager. Lorsqu'un tonneau est plein, ou lorsque ses parois s'échauffent au point de provoquer la fusion de la naphtaline, on l'enlève à l'aide d'une poulie, et on le remplace immédiatement par un autre tonneau semblable, préparé d'avance.

En dehors de la production de tous ses dérivés et sous-dérivés, le goudron de gaz ou coaltar reçoit direc-

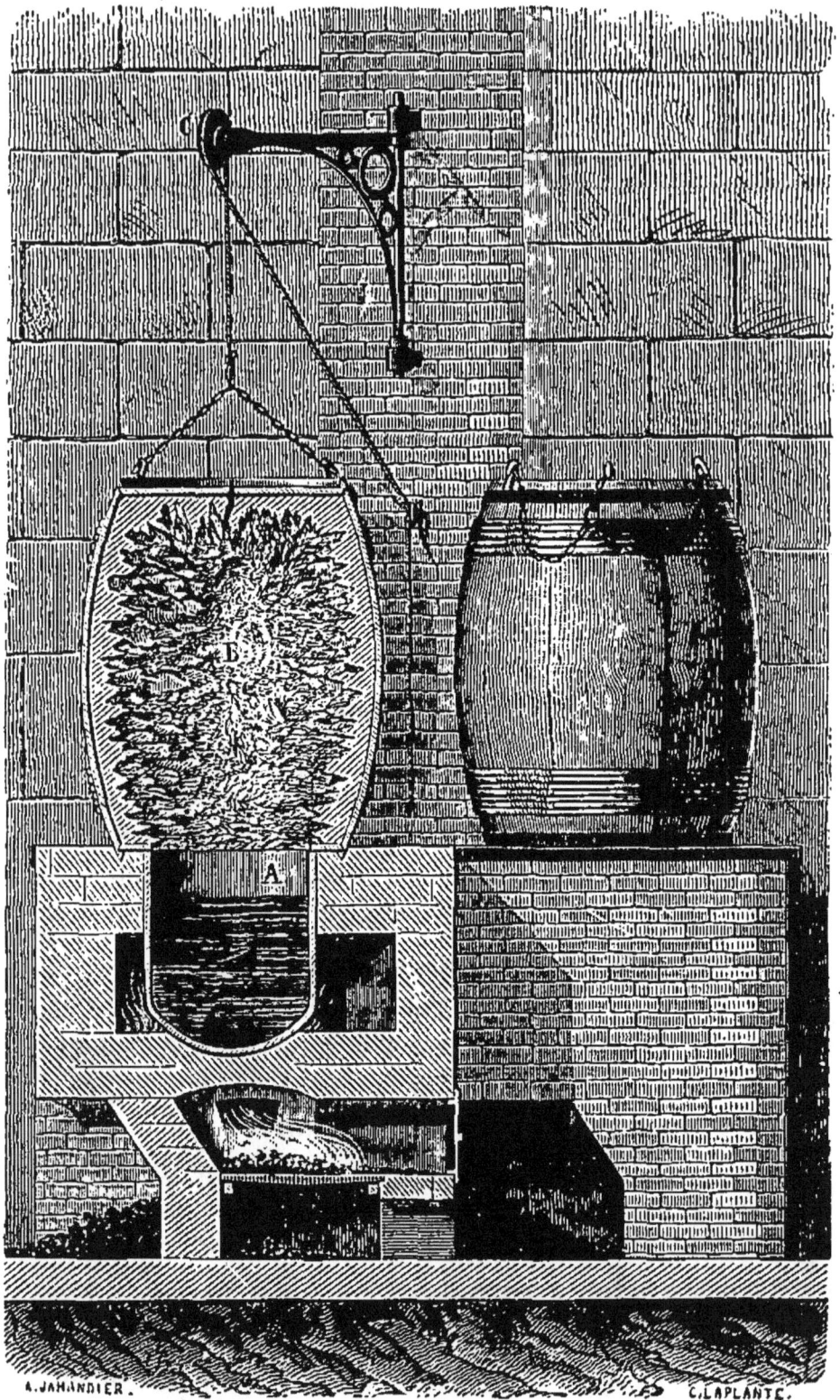

Fig. 35. — Sublimation de la naphtaline.

tement des applications très variées. On l'utilise notamment comme peinture préservatrice des bois et des métaux, à la fabrication des papiers et cartons imperméables pour toitures ; au calfatage des navires ; à la fabrication des asphaltes artificiels, à la fabrication des agglomérés de houille et du charbon de Paris ; à celle des briques crues préservant les habitations de l'humidité, etc., etc. N'oublions pas l'utilité du goudron en thérapeutique.

Voilà donc ce que nous devons aujourd'hui à une substance si longtemps négligée, méconnue, et dont toute l'utilité a dû se révéler sous l'effort irrésistible de la chimie. C'est grâce aux recherches ardentes des chimistes de ces derniers temps, que l'on est parvenu à découvrir, dans cet obscur goudron, tant de richesses ignorées, toutes ces splendides couleurs qui ont décuplé les ressources de l'ornementation des tissus.

N'est-il pas merveilleux, encore une fois, d'avoir pu obliger la houille, ce triste habitant des catacombes des végétaux antédiluviens, à nous livrer des couleurs qui peuvent être comparées aux plus magnifiques productions naturelles des rayons solaires? d'avoir obligé la houille, ce nègre de l'industrie moderne, à nous fournir également la lumière, qui nous permet de prolonger, jusque dans la nuit, la possibilité d'admirer leurs splendeurs?

N'est-on pas frappé de cette remarque que si le soleil est le « père des couleurs », le gaz, ce soleil de la nuit, a également produit les siennes?

CHAPITRE II

CHANDELLE ET BOUGIE

Est-il rien d'aussi beau que la lumière? est-il rien d'aussi bon et d'aussi vivant qu'un rayon de soleil? — Et pourtant, c'est avec une impression à la fois sympathique et religieuse, que l'on assiste aux premiers phénomènes de la nuit; c'est presque avec tendresse que l'on revoit, chaque soir, ce voile, d'instant en instant plus épais, jeté sur toutes choses.

L'indécision qui se manifeste graduellement dans la forme et la couleur des objets ajoute un grand charme à la majesté des crépuscules; elle habitue, d'ailleurs, peu à peu la pensée à l'inévitable phénomène qui va plonger la nature dans l'obscurité de la nuit. — A l'exception de quelques espèces, les animaux, ces observateurs disciplinés des lois naturelles, font leurs préparatifs de repos : — la journée est finie, bien finie. L'oiseau regagne son nid, la fourmi rentre dans ses souterrains, le bœuf revient à l'étable; seul, l'homme ne va pas encore dormir. Sa tâche est-elle trop longue? la durée du jour est-elle trop courte? ou bien la lumière du soleil ne saurait-elle éclairer la nature de ses plaisirs.

Il ne veut — ou ne peut — donc pas encore dormir; il va veiller, travailler ou... se divertir; mais pour ceci il lui faut de la lumière, beaucoup de lumière; il lui faut des gerbes de gaz dans ses bals et ses théâtres; des girandoles de bougies dans ses salons : il est riche, il a tout cela à foison. — Bonsoir donc, messieurs et mesdames; dansez, chantez, jouez, amusez-vous bien!

Mais il lui faut aussi la lampe qui éclaire le travail de l'ouvrier, du penseur; qui devrait éclairer également le logis du plus pauvre. — Hélas! cette lumière lui fait souvent défaut, et cette privation, en abrégeant la durée du labeur, diminue proportionnellement les ressources de la famille, toujours nombreuse, fatalement nombreuse.

Quoi de plus pénible, de plus attristant que cette demi-obscurité funèbre dans laquelle, par les interminables soirées d'hiver, les plus pauvres parmi nous doivent se résigner à végéter? La lumière sordide, insuffisante d'une trop mince chandelle, répand, sur l'indigence du logis, une teinte plus navrante; elle ne sert qu'à faire paraître plus blèmes encore les visages des affamés qui l'habitent; elle assombrit leurs pensées, déjà si lourdes et si douloureuses. — Le meilleur a été mis en gage, le reste va être saisi par l'huissier; et rien à mettre sous la dent! voilà les idées et les paroles qui cherchent leur chemin dans la lugubre pénombre produite par cette chandelle. — « Allons! il est temps de se coucher! » a déjà dit deux fois le chef de la famille.

Eh bien! supposons un instant que, par un coup de baguette magique, la flamme blanche, éclatante d'un bec de gaz s'allume tout à coup au plafond! — Inondés

de lumière, hommes et choses, tout à l'heure si maus-
sades, changent aussitôt d'aspect; le sang circule, l'af-
faissement cesse; ce bain de lumière semble avoir tout
guéri, tout réparé. Et cependant il n'est pas entré une
once de pain dans la huche; l'huissier poursuit son
chemin et va, dans un moment, heurter à la porte! Mais
les pensées ne sont déjà plus aussi désespérées; cette
lumière soudaine éclaire les obscurités de l'avenir; le
courage renaît et se retrempe. Les enfants oublient la
faim, ils cessent de pleurer et saluent, par un bon sou-
rire, la belle flamme dont l'éclat les ravit; — l'oiseau
qui s'est réveillé dans sa cage agite joyeusement ses
ailes, il entonne involontairement la belle chanson qu'il
adresse chaque matin au soleil. — Que c'est donc beau
et bon, la lumière!

Nous pouvons dire que si elle ne tient pas lieu de tout,
elle possède du moins, et au suprême degré, la propriété
d'apporter avec elle, partout où elle pénètre, le besoin
d'activité, le mouvement, l'animation, aussi bien dans
les idées que dans les actes de la vie matérielle, qui
sont, au contraire, léthargifiés par l'obscurité. Chez tous
les animaux qui ne sont pas noctambules, l'obscurité
engendre le silence, la tristesse, l'apathie; et l'on peut
remarquer que leur loquacité, leur gaieté, leur activité,
sont toujours en raison directe de la somme de lumière
qui éclaire le milieu dans lequel ils sont placés.

L'irrésistible attraction de la lumière factice ne s'exerce
pas seulement sur les insectes du soir, sur les papil-
lons, dont l'étourderie est devenue proverbiale; elle
agit, avec des degrés différents d'intensité, sur tous les
êtres animés. — L'homme est, entre tous, celui qui en
subit particulièrement les effets, attendu qu'il n'est pas

seulement fasciné par son éclat, comme les autres animaux ; il est aussi l'appréciateur intéressé de son extrême
utilité.

Chacune des améliorations apportées, par la science,
au régime de son éclairage intérieur, le touche donc
d'une manière toute spéciale ; et comme l'esprit procède
toujours par voie de comparaison, on se fera une idée de
l'émerveillement que durent éprouver les « manants »
du xive siècle, lorsque, malgré sa modestie, la lueur
émanant d'une *chandelle* apparut pour la première fois
à leurs yeux, — leurs pauvres yeux habitués à la flamme
fuligineuse d'un petit lumignon de résine.

La *chandelle de suif* apporta une amélioration très
sensible dans l'éclairage des populations pauvres ; son
usage devint général, lorsque des perfectionnements suc-
cessifs ajoutèrent à sa qualité, et lui permirent de lutter,
dans une certaine mesure, avec les *chandelles de cire*,
toujours très coûteuses. Ces dernières prirent bientôt le
nom de *bougies*, qu'elles ont emprunté à la ville algé-
rienne qui expédiait, en Europe, de grandes quantités de
cire ; mais ce nouveau nom ne changea rien à l'élévation de leur prix, qui excluait, de leur consommation
habituelle, toutes les personnes insuffisamment riches,
et l'on continua, jusque vers 1830, à moucher patiem-
ment et philosophiquement sa chandelle. Chacun sait
quel important personnage était, du temps de Molière,
le « moucheur de chandelles » dans les théâtres.

Cette opération de moucher une chandelle ne peut
être évitée par l'emploi de la mèche tressée, appliquée
à la bougie, attendu que le suif, trop fusible (53°), ne
saurait supporter, sans se fondre et couler affreusement,
l'approche de ce petit crochet incandescent que forme

la mèche de la bougie en brûlant; et c'est une des causes de l'infériorité du suif. Le carbone de la mèche de la chandelle, ne pouvant se mettre en contact avec l'oxygène de l'air, et se volatiliser sous forme d'acide carbonique, s'accumule dans le centre de la flamme, y forme un champignon, un « nez » qu'il faut *moucher*, attendu qu'il entraîne l'obscurcissement de cette flamme, et la rend fuligineuse. La lumière d'une chandelle a donc le défaut d'être très variable; elle atteint son maximum un instant après son mouchage, et diminue graduellement à mesure que le nez se développe.

Ces détails, oiseux pour les moins jeunes d'entre nous, sont probablement tout à fait nouveaux pour beaucoup d'autres qui ne connaissent aujourd'hui les chandelles que de nom, et n'ont certainement jamais tenu, dans leurs mains, l'instrument qu'on appelait « les mouchettes », appendice obligatoire d'un chandelier. Combien j'envie leur ignorance !

Il me souvient encore de l'âge heureux où, enfourchant témérairement un Pégase des plus rétifs, je m'efforçais de charpenter quelque chaleureux madrigal, en l'honneur d'une Philis imaginaire. Comme le chien fameux de Jehan de Nivelle, la rime, à mon appel, était souvent rebelle; le coude sur la table et le front dans la main, l'œil levé sur Phœbus, je l'implorais en vain.

Phœbus, on l'a deviné, c'est le nom que, dans notre emphase lyrique, nous donnions à notre chandelle, dont le nez s'allongeait, s'allongeait de plus en plus, pendant que nous nous égarions dans nos laborieuses rêveries.
— Cependant le succès allait quelquefois couronner nos efforts; la rime tant cherchée apparaissait confusément

dans notre esprit; mais le nez de Phœbus avait pris les proportions inquiétantes d'une trompe. Il était grand temps de lâcher la rime et d'accourir aux mouchettes : la chandelle était donc mouchée — ou éteinte — mais la rime (une si belle rime!) s'était enfuie.

Vers 1830, était cependant apparu un produit nouveau, comparable à la bougie de cire, possédant son apparence et une partie de ses propriétés, et se vendant infiniment moins cher; c'était la « *bougie stéarique* » qui ne pénétra que trop tard dans la province que nous habitions.

Brûlant avec une flamme blanche et pure, consumant spontanément sa mèche, n'ayant aucune odeur, ne graissant pas les doigts, la bougie stéarique, résultat d'une série des plus remarquables travaux de Chevreul, a opéré, dans l'éclairage domestique, une véritable et salutaire révolution (fig. 36).

Ce fut en 1824 que notre savant chimiste découvrit la constitution des « corps gras » et notamment du suif, qu'il trouva composé d'un mélange de stéarate, de margarate et d'oléate de glycérine. L'année suivante, en collaboration avec Gay-Lussac, Chevreul découvrit l'application, à la fabrication des bougies, des acides gras solides (stéarique, margarique) et, pour compléter cette découverte, il indiqua l'emploi des mèches tressées hélicoïdales, dont le charbon se tord sous l'action de la chaleur, et vient présenter, en dehors de la flamme, son extrémité incandescente à l'oxygène de l'air, qui le transforme incessamment en acide carbonique.

Quelques années après, M. de Milly donna la consécration industrielle à cette magnifique idée; il construisit une usine dans laquelle furent fabriquées les premières bougies stéariques, dont l'apparition, avons-nous dit, remonte à 1830. — Aujourd'hui, la fabrication de ces bougies et des sous-produits du traitement des corps gras, constitue une très importante industrie qui s'est universalisée.

C'est du suif surtout que l'on extrait industriellement les acides gras. On a donné ce nom de *suif* à la partie la plus consistante de la graisse des herbivores. Parmi ceux-ci, le mouton est celui qui fournit, relativement, le suif le plus riche en acides solides ; la graisse du bœuf et du veau en fournit moins. — On nomme « suif en branches » celui que les bouchers livrent aux fonderies qui lui font subir un traitement, dont le but est de le débarrasser de toutes les membranes celluliformes renfermant le suif proprement dit. Le moyen que l'on emploie généralement aujourd'hui pour détruire ces membranes consiste à les attaquer par l'acide sulfurique très étendu d'eau dans des chaudières closes, de cuivre rouge, que l'on chauffe à la température de 110°. — Sous l'action de l'eau acidifiée portée à cette température, les membranes se dissolvent, et mettent en liberté le suif fondu, qui est recueilli dans des rafraîchissoirs ; on l'y laisse refroidir jusqu'à ce qu'il commence à se figer à la surface. On le coule alors dans des moules coniques en bois qui lui donnent, après son refroidissement complet, la forme de « pains de suif » sous laquelle il est livré aux stéarineries.

Darcet est l'auteur de cette méthode chimique de « fonte à l'acide » qui s'est généralisée ; avant lui, on ne pratiquait que la fonte « aux cretons », dans laquelle le suif membraneux était tout simplement fondu dans des chaudières ouvertes. La chaleur faisait rompre les cel-

lules membraneuses, et le suif s'en échappait en partie.
Pour obtenir tout ce qui en restait, on faisait subir aux

Fig. 56. — Flamme d'une chandelle.   Flamme d'une bougie.

membranes bien égouttées la pression d'une puissante
presse hydraulique; le tourteau résultant de cette pres
sion, se nommait « pain de creton » et servait à la nour-

riture des chiens. Obtenu par l'un ou l'autre de ces deux procédés, le suif est livré aux stéarineries et aux savonneries, qui emploient, non-seulement tout ce que peuvent leur fournir les boucheries ou abattoirs, mais encore une quantité énorme de suifs étrangers qui nous sont expédiés, surtout par la Russie et les *saladeros* de l'Amérique, de l'Australie, etc.

Les acides gras sont extraits du suif par leur *saponification*. Nous avons dit plus haut que le suif était un mélange de stéarate, de margarate et d'oléate de glycérine; pour se débarrasser de cette glycérine, il faut la remplacer par une autre base : c'est ce que l'on fait en lui substituant la *chaux*, qui convertit les composés primitifs en stéarate, margarate et oléate de chaux peu solubles; la glycérine, mise en liberté, reste dissoute dans l'eau qui a participé à la réaction. Cette opération, ainsi que les opérations ultérieures relatives à la fabrication des bougies stéariques, ont été notablement perfectionnées par M. de Milly, l'innovateur de cette grande industrie qui a fait entre ses mains des progrès considérables, tant sous le rapport des économies apportées dans la fabrication, que sous celui de la perfection toujours croissante des produits. Voici de quelle manière il procède à la saponification.

Dans une cuve d'une capacité d'environ 35 hectolitres, on introduit 2500 kilogr. de suif, auxquels on ajoute 70 kilogr. de chaux, préalablement diluée dans une quantité d'eau suffisante pour former un *lait de chaux*. La chaux employée doit être aussi pure que possible, c'est-à-dire provenir de calcaires exempts de silice, d'alumine et de magnésie. — Un courant de vapeur, pénétrant par la partie inférieure de cette cuve, produit bientôt la fusion du suif et favorise, par l'agitation qu'elle engendre, son mélange avec le lait de chaux; mélange que l'on complète, d'ailleurs, à l'aide d'un agitateur à ailes.

Une autre chaudière, verticale, en cuivre, susceptible de résister à une pression de 12 atmosphères, est en communication avec un générateur produisant, en quantité suffisante, de la vapeur à cette pression. — La calotte de cette chaudière est munie d'un trou d'homme, d'un manomètre et d'un tube à robinet, destiné à laisser échapper un excès de vapeur, qui est utilisée pour le chauffage de la première cuve à mélange. .

On introduit dans cette seconde chaudière le contenu de la première, qui est composé de 2500 kilogr. de suif et 2000 kilogr. de lait de chaux (contenant les 70 kilogr. de chaux pure); puis, en ouvrant le robinet de communication du générateur, on fait arriver, par le fond de la chaudière bien close, de la vapeur qui s'y maintient bientôt à une pression de 8 atmosphères, c'est-à-dire à 170° centigrades. Pour favoriser l'agitation, on livre un certain passage à cette vapeur, par le tube dont nous parlons plus haut.

Grâce à cette haute température, la saponification s'effectue en quelques heures, avec la très faible quantité de chaux employée; c'est déjà, sous le rapport de la consommation de cette base, une petite économie qui ne semble pas compenser, il est vrai, la surdépense de combustible consommé, pour produire et maintenir la vapeur à 10 atmosphères, mais elle se fera sentir sérieusement, un instant après, dans une infiniment plus faible consommation d'acide sulfurique[1].

1. Dans l'ancienne *saponification à la chaux*, au lieu de 70 kilogr.

Lorsque la saponification est terminée, c'est-à-dire
lorsque les stéarate, margarate et oléate de chaux sont
formés, que la glycérine, isolée, est dissoute dans l'eau,
on coupe la vapeur et on laisse baisser la température,
et conséquemment, la pression dans la chaudière de
saponification jusqu'à 3 atmosphères : ce qui a lieu 3/4
d'heure après la cessation de l'introduction de la
vapeur.

La chaudière contient alors deux espèces de liquides,
parfaitement séparés par la position qu'ils y occupent,
suivant leur rang de densité : la glycérine dissoute dans
l'eau ; les acides gras saponifiés. — Pour les extraire successivement, on profite de la pression conservée dans
la chaudière, qui permet de la vider complétement et
rapidement. A cet effet, un tube, plongeant jusqu'au
fond, est mis en communication, par un robinet à trois
eaux et les embranchements correspondants, d'abord
avec la première cuve où se fait le mélange du suif et du
lait de chaux ; ensuite avec une autre cuve doublée en
plomb, dans laquelle on va procéder à la saturation de la
chaux par l'acide sulfurique.

On ouvre donc le robinet dans le premier sens, et la
dissolution encore très chaude de glycérine va se rendre
dans la cuve de mélange, où elle remplace avantageusement l'eau pure de la première opération. Lorsque toute
la glycérine a passé, ce que l'on constate par l'arrivée,
dans ladite cuve, de l'avant-garde des liquides gras, on
renverse le robinet, et les matières grasses saponifiées,

---

de chaux il aurait fallu 320 kilogr. de cette base ; et ultérieurement, au lieu de 135 kilogr. d'acide sulfurique, il en eût fallu
620 kilogr. pour la saturer.

demi-liquides, se rendent à leur tour, par leur embranchement spécial, dans la cuve où doit s'opérer la saturation de la chaux. Elles y arrivent donc, avons-nous dit, sous la forme de stéarate, margarate et oléate de chaux.

Cette première opération s'est effectuée en huit heures, elle peut, conséquemment, être renouvelée trois fois dans les vingt-quatre heures, c'est-à-dire qu'un seul appareil peut saponifier 6 900 kilogr. de suif par jour; c'est déjà une fabrication importante.

La saturation consiste à transformer en sulfate de chaux les 70 kilogr. de chaux que l'on a employés pour éliminer la glycérine de sa combinaison avec les acides gras, et, par conséquent, à laisser ceux-ci en liberté. — On l'obtient en versant, dans la cuve doublée en plomb où se trouvent réunis les stéarate, margarate et oléate de chaux, la quantité d'acide sulfurique nécessaire pour absorber toute la chaux, c'est-à-dire 135 kilogr. environ (à 26°). — On favorise la réaction par l'ébullition. — Au bout de deux ou trois heures, l'opération est terminée; on laisse reposer le liquide sur lequel les acides stéarique, margarique et oléique viennent surnager; le sulfate de chaux se précipite au fond de la cuve, et se trouve séparé des acides gras par une couche d'eau encore acidulée.

Les trois acides gras sont ensuite lavés et épurés; puis l'un d'eux, l'acide oléique, étant liquide à toutes les températures (il se solidifie seulement à 12° au-dessous de zéro), est séparé des deux autres qui sont solides à la température ordinaire. Cette séparation s'opère par des pressions successives à chaud et à froid; mais, s'effectuant par des moyens purement mécaniques, nous n'avons pas à nous en occuper. — Disons simplement qu'après leur séparation de l'acide oléique, les acides stéarique et margarique peuvent être employés, sans autre intervention de la chimie, à la fabrication des bougies. Et voilà le suif transformé en cire.

Tel est le résultat des recherches et des découvertes de nos deux illustres chimistes français, Chevreul et Gay-Lussac. Ils ont pris le suif, cette substance graisseuse, salissante, puante, éclairant d'une façon incommode, n'ayant aucune des qualités de propreté et de confortable que possède, à un si haut degré, la cire des bougies, et ils l'ont obligé à leur découvrir, une à une, de précieuses aptitudes dont ils ont saisi immédiatement la valeur et l'application.

Entre les mains de la science, ce suif dont vous entendez parler souvent avec une sorte de dégoût, a franchi toute la distance qui le séparait de la cire, et il est monté encore plus haut; car la cire ne produit toujours que la bougie du riche, tandis que, du suif, on retire mieux que la bougie du riche, mieux que la bougie du pauvre, on retire la bougie de tout le monde.

Et on en retire encore, par-dessus le marché, l'acide oléique qui est transformé en *savon*, que l'on emploie également pour le graissage des laines, etc., et enfin la « glycérine », dont les destinées bizarres seront, plus loin, l'objet d'une citation spéciale.

La conversion en « savon » de l'acide oléique s'obtient très aisément. On le mélange graduellement avec une lessive titrée de carbonate de soude, dans des chaudières chauffées par la vapeur circulant dans un serpentin enroulé qui en garnit le fond. L'acide carbonique du carbonate de soude est déplacé à cette température, et la saponification de l'acide oléique est complétée par l'adjonction d'une petite quantité de soude caustique. Lorsqu'elle est parfaite, on verse le savon dans des petits moules cubiques, et il en sort sous la forme de « pains de savon » pesant 500 grammes.

La saponification des acides gras « par la chaux » est aujourd'hui remplacée par la *saponification sulfurique* dans le traitement des graisses communes, inférieures; de l'huile de palme, des matières grasses impures recueillies chez les restaurateurs, etc., qui fournissent, à meilleur marché que le suif, des acides gras utilisables dans la fabrication des bougies.

Dans cette opération, il ne se produit plus les stéarate, margarate et oléate de chaux constitués, dans la précédente, par l'adjonction de la chaux; l'acide sulfurique agit seul, il transforme les sels de glycérine en *acides solubles* (sulfostéarique, sulfomargarique et sulfoléique); la glycérine passe à l'état d'*acide sulfoglycérique*. L'eau bouillante enlève l'acide sulfurique aux acides sulfostéarique, etc., et les acides gras résultant surnagent, et sont recueillis; tandis que la glycérine, également séparée de l'acide sulfurique par l'eau bouillante, reste dissoute dans l'eau après son refroidissement.

La bougie blanche, propre, élégante, qui éclaire votre boudoir, est peut-être sortie, madame, des substances les plus nauséabondes, véritable foyer d'infection dont vos jolies narines ne sauraient avoir aucune idée. La rose qu'elles respirent doit peut-être son parfum et sa couleur à une fertilisation bien autrement scandaleuse : Vénus est sortie de l'écume de la mer; l'homme est sorti du limon; Ève, votre blonde aïeule, a une origine étrange; ne questionnez donc pas trop votre bougie sur son arbre généalogique; tenez-vous pour satisfaite si elle vous répond, un peu évasivement, que sa mère est la Chimie.

CHAPITRE III

ALLUMETTES ET PHOSPHORE

« Faire du feu » n'a pas toujours été une chose facile.
— Le feu est cependant une des plus grosses nécessités
de la vie humaine : sans feu pour se réchauffer, pour
cuire ses aliments, l'homme est bientôt réduit à l'état le
plus misérable. — Dans quelle relation de voyage avons-
nous donc lu que des navigateurs, arrivant sur les côtes
d'une petite île de l'Océanie, trouvèrent les derniers de
ses sauvages habitants dans un état voisin de l'agonie,
parce que, depuis six ou huit mois, on avait *perdu le feu*
dans cette île, et qu'il avait été impossible de le rallu-
mer? Les deux morceaux de bois, dont on parle tant,
leur faisaient donc défaut?

Lorsque nous nous trouvions chez les Lecos, tribu in-
dienne qui vit sur les bords du Mapiri (l'un des affluents
des Amazones) nous avons vainement cherché à faire
exécuter, sous nos yeux, l'opération qui consiste à allumer du feu, en frottant, l'un sur l'autre, deux morceaux
de bois. — Les plus anciens, parmi ces Indiens, ne se
souvenaient que vaguement d'avoir entendu parler d'une

chose semblable; mais eux-mêmes se servaient toujours
de leur couteau et d'un silex pour incendier certaines
feuilles sèches, et n'avaient jamais employé un autre
artifice pour se procurer du feu. Tant il est vrai qu'une
des heureuses conséquences du bien-être est de faire
perdre le souvenir des misères passées; car il est certain qu'avant de posséder des couteaux et de connaître
le fer, les Lecos devaient se servir, pour obtenir du feu,
d'une baguette pointue, en bois sec et dur, qu'ils faisaient tourner rapidement en la roulant entre les deux
mains, dans un autre morceau de bois dont la cavité
contenait un peu de vermoulure bien sèche. Ce frottement rapide élevait la température de la poussière de
bois, au point de déterminer son ignition. De son côté,
l'opérateur devait avoir très chaud, si nous en jugeons
par l'état où nous ont mis quelques essais infructueux,
que nous avons personnellement tentés pour obtenir du
feu par ce procédé.

L'antique briquet est préférable, malgré ses trop
nombreux inconvénients, que la chimie (toujours la
chimie) a supprimés en créant une petite merveille, à
laquelle se rattachent des souvenirs lointains de notre
enfance.

Sur la tablette de la cheminée de notre cuisine, on
remarquait, — il nous semble la voir encore, — une
boîte ronde en fer blanc, bosselée, mal entretenue,
pas très propre; — et c'est précisément cette dernière
particularité qui la faisait remarquer, car son « négligé »
jurait au milieu des splendeurs de propreté d'une cuisine flamande. — Cette boîte était munie d'un couvercle
à frottement qui la fermait hermétiquement, et lorsqu'on avait soulevé ledit couvercle, on avait, sous les

yeux, deux objets significatifs : une pierre à fusil et un briquet; — mais où était donc l'amadou?

En y mettant un peu plus d'attention, on s'apercevait bientôt que le fond visible de la boîte était un disque également en fer blanc, qui était mobile et recouvrait des chiffons brûlés auxquels il servait d'étouffoir. — Le briquet était donc complet; mais la question était de savoir en tirer du feu. — Pour cela, il fallait d'abord prendre une chaise et s'asseoir.

On fixait ensuite solidement la boîte entre les deux genoux, comme on fait d'un moulin à café; on serrait fortement, entre le pouce et l'index replié de la main gauche, la pierre à fusil dont on ne laissait, pour plus de solidité, dépasser que strictement le nécessaire; et enfin, de la main droite, on saisissait le briquet. — Les préparatifs étant alors terminés, on consacrait quelques secondes à examiner si toutes choses étaient en règle; et à prendre, sur la chaise, une solide assiette. — L'instant critique était arrivé.

On introduisait la pierre à fusil — et conséquemment une bonne partie de la main gauche — dans la boîte, afin de rapprocher, autant que possible, la pierre et les cendres de chiffon; et l'on frappait un premier coup de briquet dont on n'espérait pas grand'chose: il n'avait pour objet que de prendre la mesure des coups ultérieurs. — Puis un second coup, sérieux, celui-là, — un troisième... rien!... un quatrième... aïe!... (on a frappé sur son pouce)..., un cinquième...; un sixième... ah! une étincelle!... un septième... autre étincelle qui semble vouloir se fixer sur les chiffons, mais qui s'éteint!...; un huitième... un dixième... un quinzième.... Enfin! une bienheureuse étincelle s'est accrochée aux

chiffons : on aperçoit à leur surface un tout petit point
en ignition! Vite, on lâchait pierre et briquet, et, le nez
dans la boîte, on soufflait, on soufflait jusqu'à ce que le
soufre d'une allumette de chanvre pût être enflammé,
Ouf! la chandelle était allumée.

Cette opération, pénible en plein jour, devenait inter-
minable dans l'obscurité. Nous nous souvenons que pendant l'hiver, Mitje, notre vieille servante, devait quitter
son lit une demi-heure plus tôt que d'habitude, en
raison du temps supplémentaire qui lui était indispensable pour allumer, dans les ténèbres, le feu nécessaire
à la confection du café. De notre lit, nous entendions
la pauvre vieille chercher, à tâtons, cette maudite boîte
d'abord et sa chaise ensuite; puis se démener comme
un diable avec la pierre et le briquet. — Il arrivait parfois que la pierre ou que le briquet lui échappât des
mains; il fallait entendre, alors, l'avalanche d'impréca-
tions flamandes que Mitje adressait à la boîte, au briquet, au café, à la terre entière, pendant que, rampant
à quatre pattes, elle fouillait les ténèbres pour y re-
trouver l'inconscient auteur de toute cette fureur. —
Convenons qu'il y avait lieu d'envier le sort du sauvage
avec ses deux morceaux de bois.

C'est encore à la chimie que nous devons la cessation
de ce petit martyre de tous.les jours. Une première application chimique à l'art de faire du feu, et que nous
avons déjà oubliée, ingrats que nous sommes, fut d'utiliser la propriété du chlorate de potasse de déflagrer et
s'enflammer au contact de l'acide sulfurique concentré.
— Combien, parmi nous, ont conservé le souvenir de
cette boîte cylindrique, en carton, portant une étiquette
explicative de la manière de s'en servir, et sur laquelle

se détachait, en gros caractères, le nom du fabricant :
FUMADE?

Cette boîte était divisée en deux compartiments iné-
gaux; dans le plus court, on trouvait une petite fiole contenant l'acide fumant de Nordhausen, dont on avait ingé-
nieusement évité l'épanchement, en en imbibant une
sorte d'éponge d'amiante; dans le plus long compartiment étaient des allumettes; leur bout soufré avait été
trempé dans une pâte colorée, à base de chlorate de
potasse. Il n'y avait qu'à plonger une allumette dans
la petite fiole, et la retirer aussitôt, pour obtenir son inflammation. Mais l'acide, très avide d'humidité, perdait
rapidement son degré de concentration, et cessait d'enflammer le chlorate de potasse; ce dernier, également
très hygrométrique, redevenait mou et pâteux dans une
atmosphère humide, et se détachait alors des allumettes[1]. Ces deux inconvénients ont probablement fait
naître l'idée de trouver d'autres allumettes qui n'eussent
pas besoin de l'intervention d'un acide pour s'enflammer. — La chimie, comme d'habitude, se chargea de la
réalisation de cette idée et la réalisa.

Dans les premières années qui suivirent la révolution
de 1830, on commença à vendre, à Paris, des allumettes
s'enflammant par simple frottement, dont la pâte, composée de 20 parties de phosphore blanc, 50 de chlorate
de potasse et 50 de gomme, avait l'inconvénient, en raison de la forte proportion de chlorate, d'être très explosive Ces allumettes nous arrivaient d'Allemagne, où elles
étaient fabriquées par MM. Romer et Preschel; aussi ne

1. Le fécond inventeur, M. Cagniard de la Tour, est l'auteur des
allumettes à *pâte oxygénée*. — Fumade n'a probablement été que
l'exploitant industriel de cette invention.

les connut-on fort longtemps que sous le nom de « allumettes chimiques allemandes ».

Comme beaucoup d'autres, l'invention des allumettes
chimiques est française.

Quelque temps avant 1830, c'est-à-dire avant l'apparition des allumettes chimiques allemandes, M. Sauria,
aujourd'hui médecin à Poligny (Jura) était élève au lycée
de Dôle, et suivait le cours et les manipulations du professeur de chimie de ce collège. — Avec un morceau de
phosphore, il s'amusait, dans sa chambre, à reproduire
l'inflammation du chlorate de potasse, que le professeur
venait d'exécuter sous ses yeux; lorsqu'un incident de
ce divertissement lui suggéra l'idée d'appliquer un peu
de ce chlorate au bout d'une allumette soufrée, pour
essayer de l'enflammer en la frottant ensuite dans du
phosphore. L'expérience réussit et il la répéta plusieurs
fois; il enflamma ainsi plusieurs allumettes en présence
de son professeur.

Les allumettes chimiques étaient inventées; mais l'é-
lève Sauria avait en lui l'étoffe d'un excellent médecin,
et nullement celle d'un industriel et d'un spéculateur.
— Son professeur partit bientôt pour l'Allemagne où
une chaire de chimie lui était offerte; et l'élève Sauria,
devenu le docteur Sauria, assista à l'apparition en France
des allumettes chimiques allemandes; et ne songea que
par la suite à revendiquer l'honneur purement platonique de les avoir inventées.

M. Preschel trouva le moyen, un peu plus tard, d'éviter les petites explosions de ces allumettes, en substituant au chlorate de potasse, qui en était la cause,
l'*oxyde puce* de plomb (bioxyde) qui, de même que le
chlorate, cède facilement de l'oxygène au phosphore,

au moment où sa température s'élève suffisamment
pour brûler, par suite de frottement, mais sans produire
de déflagration.

Cette amélioration ne détruisait pas deux dangers plus
graves résultant, et de la fabrication, et de l'emploi de
ces allumettes phosphorées à friction. Nous voulons parler de l'intoxication des ouvriers vivant au milieu des
émanations phosphoreuses, et des causes multiples d'incendie par des allumettes qui peuvent s'enflammer, par
un simple frottement, sur un corps sec quelconque.

Dans les ateliers où l'on manipule les pâtes phosphoreuses, l'atmosphère est chargée de vapeurs d'acide
phosphoreux à l'état vésiculaire, dont chaque particule
enveloppe une quantité infiniment petite de phosphore.
— Ce phosphore est respiré par les ouvriers; il attaque
rapidement les dents, provoque leur carie, et s'ouvrant
un passage à travers leurs racines, arrive jusqu'aux os
de la mâchoire. Il y détermine alors la nécrose qui né-
cessite l'extirpation de l'os malade; c'est une terrible
opération.

La chimie est intervenue de nouveau dans cette grave
question, qu'elle a résolue en faisant, du phosphore
blanc, une matière inoffensive; et cela par une simple
modification de sa constitution physique. M. Schrotter
est l'auteur de cette heureuse amélioration qui a remplacé les propriétés toxiques du phosphore blanc, par
l'innocuité du *phoshore amorphe.*

En raison de l'extrême développement de la consommation des allumettes chimiques, il a fallu songer à la
possibilité de produire, en quantité suffisante, le phosphore qui en est le *deus ex machinâ.* — Scheele en avait
découvert la source la plus abondante, en trouvant avec

Gahn, le phosphore dans les os, sous la forme de phos-
phate de chaux. — On emploie, encore aujourd'hui, le
moyen indiqué par Scheele pour extraire, des os, le phosphore qu'ils renferment; mais on l'a naturellement modifié dans quelques-unes de ses parties, en l'appliquant
industriellement. — Voici, en deux mots, de quelle manière on procède.

Les os, que l'on a triés et classés pour en séparer

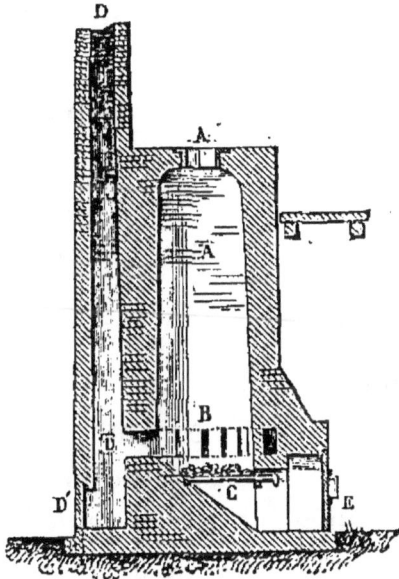

Fig. 37. — Calcination des os.

ceux qui peuvent être transformés en manches de couteaux, en boutons, etc., sont soumis dans un « four coulant » analogue aux fours à chaux, à une forte calcination
qui les débarrasse de toute la matière organique (gélatine, graisse) qu'ils renferment; laquelle contient assez
de principes combustibles pour épargner toute dépense
de charbon, autre que celle occasionnée par l'allumage
du four (fig. 37).

Après leur complète calcination, les os sont moulus en farine, sous des meules verticales. Cette farine est formée d'environ 80 p. 100 de *sous-phosphate* de chaux, et 20 p. 100 de *carbonate* de chaux. — Nous négligeons 1 ou 2 p. 100 de matières insolubles dans les acides. — On délaye la farine dans son poids d'acide sulfurique non concentré (52°), auquel on ajoute de l'eau bouillante; une vive effervescence, due au dégagement de l'acide carbonique du carbonate, se produit aussitôt et favorise la réaction, qui n'est complète qu'après 24 heures, et que l'on active encore en agitant fréquemment le mélange. — Le résultat de cette réaction est la transformation du sous-phosphate, en biphosphate et sulfate de chaux; le carbonate s'est transformé en sulfate qui devient insoluble par la concentration du liquide par évaporation.

Ce liquide est alors filtré, puis concentré de nouveau jusqu'à consistance d'un sirop que l'on mélange à 20 pour 100 de son poids de charbon en poudre. La pâte résultante est desséchée dans une chaudière en fonte, qui est, en dernier lieu, chauffée jusqu'à la température du rouge naissant, afin de produire la décompsition de l'excès d'acide sulfurique par le charbon, et de le transformer en acide sulfureux qui se dégage.

La température, pendant cette calcination, est toujours restée au-dessous de celle nécessaire pour opérer la réduction du biphosphate par le charbon; celle-ci se pratique ensuite dans des cornues en grès (fig. 38), communiquant avec des récipients en cuivre, dans lesquels le phosphore, réduit et vaporisé, vient se condenser. — Après l'avoir filtré à travers une peau de chamois qui lui enlève toutes ses impuretés, on coule enfin ce phosphore dans des tubes qui lui donnent la forme de baguettes; c'est alors le *phosphore blanc*.

Le *phosphore rouge* ou *phosphore amorphe* s'obtient en soumettant le phosphore blanc à une très longue insolation; industriellement, il s'obtient beaucoup plus rapidement en le faisant chauffer, pendant quelques jours, à une température de 170° environ. — Cette simple opération le fait changer d'aspect; de blanc qu'il était, il est devenu rouge; sa consistance molle s'est également modifiée, elle a pris assez de fermeté pour permettre sa

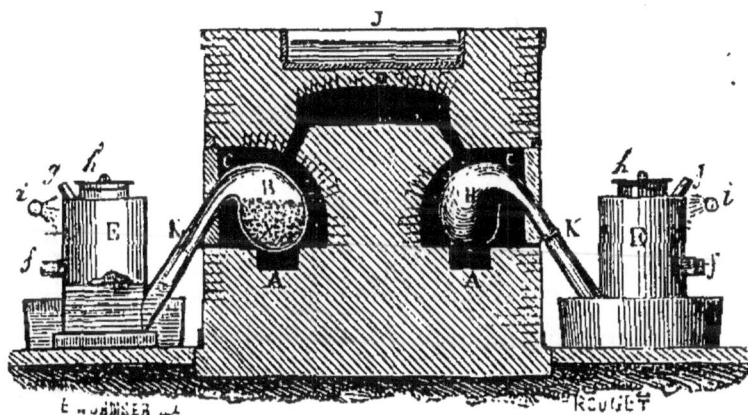

Fig. 38. — Fabrication du phosphore.

pulvérisation; — et, nous l'avons dit, son maniement est devenu inoffensif.

M. Boettger, fabricant d'allumettes, a eu l'ingénieuse idée d'ajouter, à ce perfectionnement hygiénique, une autre amélioration qui rend presque impossibles les causes déjà si fréquentes d'*incendies par imprudence*. Il a imagné de diviser, entre deux agents séparés, la réaction qui s'opère par l'élévation de température due au frottement, et qui produit l'inflammation. De sorte que, le contact obligatoire de ces deux agents, pour produire l'inflammation, ne peut plus que très difficilement être dû au hasard, mais bien à une action raisonnée.

Il compose deux pâtes : l'une, destinée aux allumettes et qui ne contient d'autres réactifs que du chlorate de potasse et du sulfure d'antimoine ; l'autre, destinée à la chose sur laquelle les allumettes *doivent être frottées* pour s'enflammer, est composée de phosphore amorphe et de peroxde de manganèse. — Isolée, l'une ou l'autre de ces deux compositions ne peut pas prendre feu par un simple frottement.

Aujourd'hui, la fabrication des allumettes chimiques donne du travail, en Europe seulement, à 55 000 ouvriers, hommes, femmes, enfants ; et la valeur des produits de leur travail atteint près de 300 millions de francs. Voilà un chiffre qui donne à réfléchir. N'est-il pas l'expression saisissante de la puissance irrésistible que peut acquérir, dans le mécanisme de la consommation, un organe insignifiant, en apparence, mais dont l'extrême commodité impose l'usage incessant ?

Trois cent millions ! combien d'allumettes cette somme représente ! mais aussi combien on en brûle ; on les allume à tout propos ; elles sont si commodes, si divertissantes, ces petites allumettes ! Frrrtt ! une jolie flamme bleuâtre jaillit aussitôt ; et voilà du feu ! — Frrrtt ! en voilà encore. — Frrrtt ! cent fois frrrtt ! et la boîte est épuisée. — On a dépensé un sou ; demain, sans y prendre garde, on en dépensera un autre, et des millions de sous s'accumulent au point de former, au bout de l'année, ce joli total de trois cents millions de francs.

VI

LA CHIMIE DES MEURTRIERS

———— •

CHAPITRE I

POUDRE ET FULMINATES

« Il n'a pas inventé la poudre ! » est une locution dont l'application n'a rien de bienveillant pour celui qui en est l'objet. — Un instant de réflexion devrait, cependant, rassurer les personnes auxquelles ce singulier reproche s'adresse, et le faire abandonner par les hommes, mieux partagés sous le rapport de l'esprit, mais peu indulgents, qui en font usage.

Peuvent-ils se flatter, eux-mêmes, de l'avoir inventée, cette admirable poudre, ce *nec plus ultra*, semblerait-il, des créations du génie humain ? Quel est, du reste, l'homme doué d'un peu d'intelligence et de cœur, qui consentirait, après examen, à charger sa conscience pendant sa vie, et sa mémoire après sa mort, d'une aussi abominable invention que celle de la poudre à canon?

On impute aux Chinois — ils en font peut-être autant, de leur côté à notre égard, — la première et très ancienne utilisation de la poudre dans leurs fêtes pyrotechniques, et l'on voudrait bien les rendre responsables des suites funestes d'un divertissement aussi innocent; mais, malheureusement pour nous, il est démontré que c'est chez les peuples occidentaux que germa et fructifia la pensée de faire, de la poudre, le formidable agent des fureurs humaines.

Plusieurs alchimistes du moyen âge, Albert le Grand, et plus spécialement Marcus Grœcus, s'occupèrent de la poudre. C'est à tort, avons-nous dit, que l'on accusa Roger Bacon de l'avoir inventée; on peut, tout au plus, lui reprocher d'en avoir prévu les applications balistiques; mais celles-ci ne devaient se révéler bien positivement qu'un siècle plus tard (1320), à un autre moine (un Allemand) nommé Schwartz, qui mettait à profit les loisirs de la vie monastique pour se livrer à la recherche du grand-œuvre, et qui faisait conséquemment un usage fréquent du soufre et du nitre.

Un jour, il avait broyé et laissé, dans son mortier, le mélange de soufre, de charbon et de salpêtre indiqué par Marcus Grœcus, et, à défaut d'un autre couvercle, il s'était servi d'une grosse pierre pour recouvrir son mortier, lorsque, par un hasard doublement malheureux, une étincelle pénétra jusqu'à la poudre et l'enflamma (fig. 39).

Une explosion soudaine, violente, ébranla le laboratoire, le remplit de flammes et de fumée, laissant le moine sain et sauf, mais sous le coup d'un effroi indes-

Fig. 59. — Le moine Schwartz.

criptible et d'une stupeur profonde; car la grosse
pierre qui fermait, un instant auparavant, l'ouverture
du mortier avait disparu. Elle ne fut retrouvée que
plus tard, à une assez grande distance du lieu de l'événement.

Il n'en fallut pas davantage pour ouvrir les yeux sur
l'excellent parti que l'on pourrait tirer de la puissance
balistique de la poudre; l'antique catapulte fut dès lors
distancée et reléguée, dédaigneusement, dans le hideux
bric-à-brac des anciens instruments de destruction du
genre humain.

Depuis cette date néfaste, c'est par millions qu'il faut
compter le nombre des malheureux qui ont été éborgnés,
estropiés, décapités, éventrés à l'aide de la poudre; et
par centaines et centaines de millions, le nombre de ceux
qui, s'extasiant devant un aussi glorieux résultat, repro-
chent à leurs semblables de n'avoir pas inventé cette
monstruosité.

La puissance balistique de la poudre est due à l'extension violente des gaz, résultant de son inflammation
extrêmement rapide. Cette rapidité d'inflammation est
telle, dans un grain de poudre dont le diamètre n'a pas
un demi-millimètre, que sans pouvoir la mesurer avec
exactitude, on estime qu'elle atteint dix mètres par
seconde. Les éléments de déflagration et de combustion
qui entrent dans un grain de poudre de guerre, sont :

Nitrate de potasse (salpêtre)	75,00
Charbon.	12,50
Soufre.	12,50
	100,00

dont les produits gazeux *immédiats* sont : l'acide carbonique, l'azote, l'hydrogène carboné, l'hydrogène sulfuré, le gaz nitreux. Cette première expansion gazeuse est *suivie*, mais dans un espace de temps inimaginablement court, de la gazéfaction complète ou partielle des différents résidus *solides* de la combustion de la poudre, et qui sont : le sulfate de potasse, le sous-carbonate de potasse, le charbon et le soufre vaporisé. Ce qui reste de ces résidus solides « encrasse » les armes dans lesquelles l'explosion a eu lieu.

Il est assez difficile de déterminer avec précision la tension des gaz résultant de la combustion instantanée de ces matières; mais, d'après les expériences de Rumford, on suppose que leur expansion, dans l'âme d'une bouche à feu, y développe une pression de 2 500 à 3 000 atmosphères et que, de leur combustion, résulte une température de 1150°. Cette température a pu être déduite de l'observation qui a été faite que le laiton, dont le point de fusion est 950°, est toujours fondu à la température développée par la poudre, tandis que le cuivre rouge qui ne fond qu'à 1200°, n'est pas constamment fondu à cette température; celle-ci doit donc se rapprocher du point de fusion du cuivre rouge, soit 1150°.

La poudre n'est pas invariablement un agent de meurtre et de carnage; ses propriétés sont également utilisées dans les travaux d'excavation. — Une charge de poudre, introduite dans un trou de mine judicieusement placé, produit souvent un abatage de roche, auquel dix journées de mineur ne suffiraient pas; mais il est toujours indispensable d'apporter, dans son emploi, beaucoup de prudence et de circonspection. Malheureusement, les mineurs ne sont que de très insouciants observateurs de ces principes. Nous avons eu, personnelle-

ment, de trop fréquentes occasions d'assister à des actes
d'inqualifiable imprudence et de sévir contre leurs auteurs. — Il n'en est pas moins certain que le concours
de la poudre active et simplifie beaucoup la besogne du
mineur ; mais cette utilisation de sa nature destructive ne

Fig. 40. — Le mitrailleur et la mitrailleuse.

suffit pas pour faire pardonner et oublier l'étendue de
ses forfaits.

L'art d'exterminer les hommes a fait des progrès incessants, grâce à la haute protection dont il a toujours
été entouré.

> Le front huilé, l'humeur altière,
> Les chefs de notre fourmilière

s'aperçurent un jour que la poudre, employée comme elle l'était, mettait une lenteur regrettable dans son office d'exterminateur. Ils lui demandèrent, — entendre, c'est obéir, sire ! — et en obtinrent une plus grande rapidité dans l'exécution de leurs sentences meurtrières. — Aussi, nous levons les épaules lorsque nous songeons à nos pères, qui se croyaient bien redoutables parce qu'ils tuaient un homme par minute, et à une misérable distance de trois ou quatre cents mètres.

Par la grâce de Dieu, et avec le concours des *fulminates*, nous sommes parvenus à créer des engins qui lancent, dix ou douze fois par minute, et à deux mille mètres de distance, vingt-cinq balles qui « fauchent » — non plus au figuré, car elles fauchent bien positivement — vingt-cinq créatures qui n'apprécient peut-être pas, avec tout le respect qu'elle mérite, la « raison d'État » qui les retranche du nombre des vivants. Un simple tour de manivelle (fig. 40), rappelant involontairement la manivelle d'un moulin à café, suffit pour moudre vingt-cinq existences. — « Rrrran ! » et voilà vingt-cinq beaux garçons solidement bâtis, bien portants, qui s'en vont *ad patres*... mais couverts de gloire.

> Vous leur fîtes, seigneur,
> En les croquant beaucoup d'honneur.

Nous pouvons encore mieux que cela : — nous pouvons préparer des projectiles creux, des obus pesant 100 kilogrammes ; — si vous le désirez, sire, ils pèseront davantage. — Après avoir lestement franchi une distance de 7 à 8 kilomètres, ces obus ont conservé toute la force nécessaire pour trouer le mur de votre maison, et pénétrer dans une chambre; c'est alors, seulement, qu'ils accomplissent la partie vraiment intéressante de leur mission.

Sous le choc d'un percuteur très ingénieux (fig. 41), le fulminate qui les amorce détone; il enflamme la poudre dont l'obus est bourré. Celui-ci éclate avec un

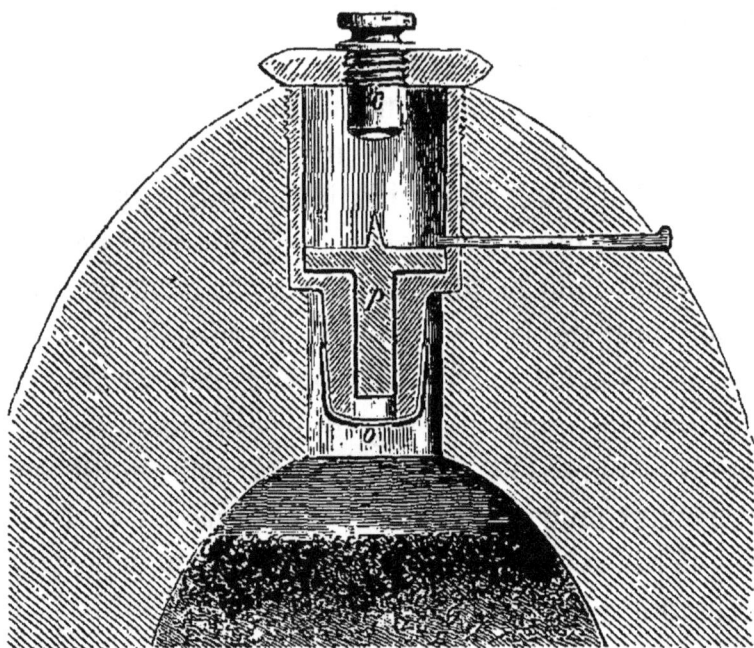

Fig. 41. — Obus à percussion (prussien).

bruit effroyable, et ses 100 kilogrammes de fragments sont lancés dans toutes les directions.

Lorsque la fumée s'est dissipée, quelques râlements importuns ont cessé, la tranquillité est parfaite. Nous pouvons voir des femmes, des vieillards, des enfants, transpercés, éventrés; — leur entrailles, qui tressaillent encore, serpentent sur le parquet, dans de larges flaques de sang. — Les crânes sont ouverts, béants, vidés; les murs sont effectivement mouchetés de débris de cervelles. — Cette boule, qui a roulé si drôlement sous le lit, c'est, *bey Gott!* la tête d'un bébé; sa petite bouche serre encore convulsivement un lambeau de mamelle.

Ah! voilà des flammes!... l'incendie va nettoyer, faire disparaître tout cela. Hurrah! entonnons, amis, entonnons avec ensemble, un *Te Deum* magistral! *Gloria in excelsis Deo!...* (*Sabaoth*).

On trinque, on se félicite, on s'embrasse; — Gretchen et Lisbeth tressent, en chantant, des couronnes de laurier. — Les poètes se battent les flancs, et font rimer gloire et victoire; — peintres et statuaires reproduisent, à l'envi, l'image du maître boucher qui a si correctement dirigé la tuerie!

Le fulminate de mercure a donc remplacé, dans les armes portatives, la petite pincée de poudre qui amorçait les « bassinets ». Dans les projectiles creux, il remplace la mèche *à temps*, qui avait l'inconvénient d'enflammer, trop tôt ou trop tard, la poudre renfermée dans les bombes et les obus. — Dans les deux cas, c'est par un système spécial de percussion que la détonation du fulminate se produit.

Il y a quatre fulminates simples principaux : le *fulminate de mercure*, le *fulminate d'argent*, le *fulminate de zinc* et le *fulminate de cuivre*. Tous quatre forment avec divers métaux, sulfures, chlorures et oxydes, un grand nombre de fulminates doubles qui jouissent, plus ou moins, des mêmes propriétés explosives. — Ainsi, les fulminates doubles de mercure et de zinc, d'argent et de magnésium, de zinc et de potasse, de cuivre et de potassium, etc., etc.

Le fulminate de mercure est le seul que l'on emploie dans la fabrication des capsules, des étoupilles et des cartouches à percussion ; le fulminate d'argent étant trop explosif, et coûtant d'ailleurs beaucoup plus, en raison de la valeur du métal employé.

Découvert en 1800 par Howard, le fulminate de mercure s'obtient de la manière suivante :

On fait dissoudre 100 grammes de mercure dans 1 kilogramme d'acide nitrique ordinaire, à la température de 50 à 60°. — Lorsque la dissolution est accomplie, on la verse graduellement dans 850 grammes d'alcool à 85 degrés centésimaux, renfermés dans un matras en verre d'une capacité de 12 litres. — Une vapeur blanche, épaisse, très-vénéneuse, facilement inflammable, ne tarde pas à se dégager ; il faut avoir soin de la faire évacuer dans l'atmosphère. — Le boursouflement du liquide cesse en même temps que le dégagement de cette vapeur ; on filtre alors le liquide épais du matras, et le fulminate, qui reste sur le papier, est ensuite lavé à l'eau froide, jusqu'à ce que les eaux de lavage ne rougissent plus le papier bleu de tournesol. — Le filtre et son contenu sont alors séchés très-doucement sur une plaque de faïence chauffée à la vapeur, et l'on obtient enfin 125 grammes de fulminate qui doit être recueilli avec toutes les précautions possibles; on ne doit, par exemple, le prendre qu'avec de petites pelles en papier, et ne le remuer, s'il y a lieu, qu'avec un morceau de bois tendre. Lorsqu'il est sec, un faible choc peut déterminer son explosion; mais, mouillé avec un tiers de son poids d'eau, on peut le broyer impunément sur une table de marbre, avec une molette en bois dur. C'est l'artifice qu'on emploie pour fabriquer la pâte fulminante des capsules et autres engins d'explosion par percussion. — Cette pâte est composée de 100 parties de fulminate et 60 parties de poudre ou de salpêtre ; il entre environ 16 milligrammes de fulminate dans une capsule des anciens fusils de guerre.

CHAPITRE II

NITROGLYCÉRINE ET GLYCÉRINE

La glycérine, que l'illustre Scheele a découverte et qu'il avait nommé *principe doux*, peut devenir, malgré son nom et toutes ses qualités éminemment pacifiques, l'un des éléments du plus formidable agent de destruction que l'enfer ait jamais inspiré aux humains : la *nitroglycérine*. Le pouvoir de la nitroclycérine est *dix fois* supérieur à celui de la poudre à canon ; ce chiffre est de nature à contenter les plus difficiles.

La nitroglycérine, découverte par Sobrero, se prépare en versant, peu à peu, un sixième de glycérine sirupeuse (à 30° de l'aréomètre de Baumé), dans cinq sixièmes d'un mélange refroidi d'acide nitrique et d'acide sulfurique concentrés. Ce mélange acide doit être dans la proportion de 1 d'acide nitrique pour 2 d'acide sulfurique.

Il faut avoir soin d'agiter continuellement pendant que l'on verse la glycérine, et de tenir les acides à la température de l'eau froide. Après quelques minutes de repos, on transvase le mélange dans huit ou dix fois son volume d'eau froide ; la nitroglycérine, dont la densité

(1,90) est alors supérieure à celle de ce nouveau liquide,
se précipite au fond du vase ; on décante les eaux acides,
on lave soigneusement la nitroglycérine pour la débarrasser de ce qui reste d'acide, et on la recueille enfin
dans des bouteilles. Elle se présente alors sous l'aspect
d'une huile jaunâtre, lourde, que le moindre choc fait
détoner avec une violence inouïe. On peut se faire une
idée de la puissance explosive de cette substance par les
ravages effrayants que l'explosion accidentelle d'un
chargement de nitroglycérine produisit, en 1868, aux
carrières de grès de Quenast, village situé à quelques
lieues de Bruxelles.

Une voiture portant 1800 kilogr. de nitroglycérine,
destinée aux travaux de mine de ces carrières, venait
d'arriver ; les chevaux étaient dételés, et on se préparait
sans doute à décharger la voiture, lorsque tout à coup
une détonation épouvantable ébranla la terre à plusieurs
lieues de distance. L'atmosphère fut comme traversée
par un souffle furieux, les maisons furent secouées jusque dans leurs fondements, les toitures. volèrent en
éclats ; et quand, cette effroyable bourrasque étant passée, on put s'approcher du lieu de l'explosion, il ne fut
pas possible de trouver trace, ni du chariot, ni des différentes personnes qui l'entouraient un instant auparavant : tout avait disparu.

A la place qu'occupait le chariot, il y avait un véritable gouffre ; et à quelque distance de là, on retrouva
les corps des deux chevaux, transpercés de barres de
fer ; les orbites étaient vides de leurs yeux. Derrière un
bâtiment, on retrouva également les corps de deux
hommes, entièrement carbonisés et dépouillés de leurs
vêtements.

Les arbres, dans un certain rayon, n'avaient plus une feuille, leurs troncs étaient tordus et déchirés? les moissons, sur une grande étendue, étaient balayées comme si un cyclone avait fauché le pays; tout portait, en un mot, les traces d'un cataclysme épouvantable. Voilà ce qu'ont pu faire 1800 kilogr. de nitroglycérine!

Cette catastrophe a démontré, en grand, ce que l'on avait déjà observé en petit, que la nitroglycérine agit principalement de haut en bas, et que cette action s'exerce sur les objets de plus grande résistance (effet des poudres brisantes); la preuve en est dans cet immense trou béant, qu'elle creusa sous le chariot qui la portait, lorsque son explosion eut lieu.

La nitroglycérine se décompose spontanément, et sans explosion, lorsqu'on la laisse longtemps exposée à l'air; elle se transforme alors en acide oxalique, en acide nitrique, en ammoniaque et en acide cyanhydrique. Dans l'explosion, ces différents composés résultant de la dislocation lente sont remplacés par des quantités considérables de gaz.

M. Nobel a trouvé le moyen de donner plus de sécurité dans le maniement de cette terrible substance, tout en lui conservant une quantité suffisante de sa propriété explosive. En mélangeant la nitroglycérine à du sable fin, à du sucre, à de la brique pilée etc., M. Nobel est parvenu à produire un agent explosif aussi puissant (?) que la nitroglycérine pure, mais qui a perdu l'excessive susceptibilité qui la fait détoner au moindre choc. En observant certaines précautions, ce mélange, que M. Nobel a nommé *dynamite*, peut être employé sans danger dans les exploitations de mines, de carrières et dans tous les cas où la nitroglycérine doit être préférée à la poudre (fig. 42).

La nitroglycérine, en dehors des dangers de son explosion possède encore, à un haut degré, des propriétés toxiques très-énergiques. Un demi-gramme de cette

Fig. 42. — La dynamite.

substance suffit pour faire mourir un animal de forte taille.

Le *principe doux* de Scheele, l'inoffensif résidu du traitement du plus bénin de tous les produits (le suif), peut donc devenir, par un simple contact avec les acides nitrique et sulfurique, une substance éminemment meurtrière et vénéneuse; — cette simple fréquentation de deux mauvais garnements a fait, de l'innocente glycérine, la plus perverse de toutes les productions. — Si on ne change rien à sa douce nature, si on l'abandonne à ses bons instincts, la glycérine possède, au contraire, des titres sérieux au surnom honorable que son auteur lui avait donné.

On se sert, en effet, de la glycérine pour panser les plaies, les dartres et diverses affections cutanées; on s'en sert également dans tous les cas où l'on emploie le cérat. En industrie, on l'utilise comme dissolvant des gommes, des couleurs d'aniline, de l'albumine, du principe aromatique des fleurs. — Un fabricant de produits chimiques de Saint-Denis, M. Asselin, applique la glycérine à la désincrustation des générateurs. — On l'emploie aussi à la conservation des cuirs verts; on l'applique enfin dans la plupart des cas où il faut conserver aux matières une consistance molle et humide.

CHAPITRE III

COTON-POUDRE ET COLLODION

L'intérêt et la curiosité du public furent vivement excités, lorsque, dans le courant de l'année 1846, apparut un produit singulier qui arrivait, précédé d'une avant-garde de récits merveilleux.

D'abord dans les salons, ensuite au milieu de réunions moins élégantes, on ne parlait pas d'autre chose; et quel succès attendait les rares privilégiés qui possédaient un spécimen de cette chose mystérieuse! On les voyait tirer de leur poche, et avec mille précautions, un petit paquet enveloppé dans deux ou trois papiers; ouvrir solennellement tous ces papiers, et retirer enfin du dernier... une pincée de coton! En apparence ce n'était que du coton; mais en réalité, c'était du *coton-poudre*, ce fameux coton-poudre qui était, depuis quelques jours, l'objet de toutes les conversations!

Chacun répétait alors ce qu'il avait entendu dire sur ce terrible coton; celui-ci affirmait que la pincée que l'on avait sous les yeux suffirait pour faire sauter la maison; celui-là, renchérissant, disait qu'il y en avait assez pour faire sauter le quartier, etc. — Aussi, était-ce avec un vif sentiment d'épouvante, et en poussant leurs adorables petits cris de frayeur, que les dames regardaient le démonstrateur placer, stoïquement, sa pincée de coton dans le creux de sa main, et y mettre le feu. Une flamme jaunâtre se produisait, disparaissait avec la rapidité de l'éclair, et la peau n'avait ressenti aucune sensation de chaleur. La maison, bien entendu, n'avait pas bougé.

Cette petite expérience de faire brûler du coton-poudre dans le creux de la main a servi d'amusette pendant une saison : elle démontrait jusqu'à quel point la rapidité d'inflammation est vive dans cette substance. Elle est telle, que l'inflammation du *pyroxyle* ne détermine pas toujours celle de la poudre à canon, sur laquelle on l'a placé pour l'enflammer.

La préparation du pyroxyle fut, pendant quelque temps, tenue secrète par M. Schönbein, son inventeur ; mais l'émoi causé par l'apparition de ce produit, qui semblait devoir faire descendre la poudre à canon au rang des moyens de destruction surannés, mit en mouvement l'imagination des chimistes ; et bientôt M. Pelouze ayant fait remarquer que le papier, traité par l'acide nitrique (xyloïdine,) avait également la propriété de s'enflammer et de se convertir instantanément en gaz, — M. Dumas, de son côté, ayant rappelé les travaux de Braconnot sur cette xyloïdine, — on tint la piste, et on ne tarda pas à produire couramment le mystérieux coton-poudre. Un comité officiel fut chargé d'examinerc ette invention de M. Schönbein.

Son origine plébéienne ne fut pas le motif qui fit repousser le coton-poudre par le comité ; il fut sérieusement constaté, après de nombreuses expériences, que l'emploi du pyroxyle offrait des dangers : qu'il devait être considéré comme une poudre *brisante;* que sa préparation était, elle-même, plus dangereuse que celle de la poudre ordinaire, qu'il fallait donc s'en tenir à celle-ci : 1° pour envoyer, dans l'autre monde, le plus grand nombre possible de nos semblables ; 2° pour faire décorer incidemment quelques-uns des survivants, sans négliger, parmi ces derniers, les membres dudit comité.

Le coton-poudre ou pyroxyle se prépare de la manière suivante : on fait un mélange d'acide nitrique et d'acide sulfurique purs et concentrés, dans la proportion de trois parties du premier et sept parties du second. Lorsque ce mélange est refroidi, on y plonge complétement, pendant une heure, autant de coton que le liquide peut en couvrir. On exprime ensuite, par la pression, la plus grande partie de l'acide, et on soumet ensuite le « coton-nitrique » à un essorage qui en rejette à peu près tout l'acide restant.

On verse ensuite, à plusieurs reprises, de l'eau dans cette même essoreuse pour continuer ce lavage, et on enlève jusqu'aux dernières traces d'acide, par une immersion prolongée du pyroxyle dans une eau légèrement alcaline ; on termine enfin par un dernier lavage dans l'eau courante. Après l'avoir essoré une dernière fois, on le sèche complètement en l'exposant dans un courant d'air froid. Il est important d'enlever jusqu'aux dernières traces d'acide : sans cette précaution, le coton serait susceptible de s'enflammer spontanément, et à une température assez basse ; c'est là un des dangers attachés à l'emploi de cette matière.

Avant d'aller plus loin, remarquons l'analogie qui existe entre la préparation du coton-poudre et celle de

la nitroglycérine. C'est toujours au mélange d'une partie
d'acide nitrique et deux parties d'acide sulfurique que
l'on a recours, pour obtenir la réaction qui donne naissance à ces terribles produits dérivant, tous deux, de
substances pourtant bien pacifiques.

Le coton-poudre s'enflamme à une température de
180° et produit alors des quantités considérables de gaz;
on a calculé que la charge d'un fusil de chasse (1 gr.)
développe 0 lit. 80 de gaz; la même quantité de poudre
de chasse ne développerait que 0 lit. 50. — Cette substance peut également faire explosion lorsque, placée
entre deux corps très résistants elle est soumise à une
violente percussion; elle devient éminemment explosible par percussion, après avoir été plongée dans une
dissolution de chlorate de potasse, puis séchée à une
basse température.

Le pyroxyle reçoit une application toute différente de
celle qui lui était destinée par son inventeur; mais dans
ce cas, sa préparation est un peu modifiée : au lieu de
soumettre le coton (la cellulose) à l'action d'un mélange
d'acide nitrique et d'acide sulfurique on le plonge dans
un mélange de nitrate de potasse et d'acide sulfurique.
Préparé de cette façon, le pyroxyle devient beaucoup
plus soluble dans l'éther alcoolisé, qui le transforme en
collodion.

Tout le monde connaît ce liquide sirupeux, que nos
chirurgiens emploient pour recouvrir les plaies d'un
vernis qui les préserve du contact de l'air; avec lequel
ils préparent des compresses adhésives, bien supérieures
au sparadrap et au taffetas d'Angleterre, pour réunir les
bords d'une plaie. Ils s'en servent également comme
véhicule dans une foule d'applications des médicaments

à usage externe : dans le traitement des maladies
cutanées, de l'érisypèle, des brûlures, du rhuma-
tisme articulaire, de la péritonite, etc. En recouvrant
d'une pellicule de collodion les boutons pustuleux
de la variole, on supprime le contact de l'air, et on
évite, mesdames, ces cicatrices qui font parfois votre
désespoir.

Ne vous semble-t-il pas que la chimie, honteuse d'avoir
enfanté le *coton-poudre*, veut se faire pardonner cette
sottise, en le transformant en *collodion*?

Le collodion a reçu plusieurs autres applications
d'une nature différente, mais qui n'en sont pas moins
fort intéressantes.

En photographie, on se sert du collodion pour obtenir
les enduits sensibilisés, que l'on applique sur les glaces
destinées à recevoir l'image photographique. Cet enduit
est composé de collodion et d'une solution alcoolique
d'iodure de potassium, à laquelle on ajoute quelquefois
parties égales d'iodhydrate et de bromhydrate d'ammoniaque. Après sa clarification, on verse cet enduit sur
le centre de la glace qu'il doit recouvrir; et, par des
mouvements qui produisent l'inclinaison de la glace
dans tous les sens alternativement, on obtient une égale
répartition du liquide qui va former la pellicule d'enduit; son excès s'écoule en posant la glace « de champ »
sur l'une de ses tranches.

Lorsque la pellicule d'enduit est suffisamment sèche
et adhérente, on passe la glace au nitrate d'argent:
c'est-à-dire que l'on plonge sa *face enduite* de collodion
ioduré, dans une solution titrée de 60 grammes de nitrate d'argent par litre d'eau distillée; et de manière que
toute la surface enduite soit complètement mouillée par

la solution de nitrate. Cette opération doit être pratiquée dans l'obscurité.

Après avoir été soumise, dans la chambre noire, à l'action de la lumière réfléchie par l'image que l'on veut reproduire, la glace est placée horizontalement sur quatre pointes, et l'on verse de nouveau, au milieu, une dissolution de 48 grammes d'acide acétique et 4 grammes d'acide pyrogallique par litre d'eau distillée, et en quantité suffisante pour couvrir toute la surface de la glace. Ce réactif a pour objet de développer l'image photographique négative ; et pour activer la réaction, on chauffe quelquefois, avec précaution, la glace et le liquide qui la recouvre, en promenant, entre les quatre pointes qui la supportent, la flamme d'une lampe à l'alcool.

Lorsque l'image semble suffisamment vive, on lave à plusieurs reprises la glace dans l'eau distillée, et on la plonge enfin dans une solution d'hyposulfite de soude (40 grammes par litre d'eau) ; l'objet de ce dernier réactif est de compléter la fixation de l'image, et de dissoudre l'iodure d'argent dans les endroits qui n'ont pas été atteints par les rayons lumineux : l'épreuve *négative* est dès lors terminée. Pour lui donner plus de solidité, on la recouvre d'un vernis transparent.

L'épreuve *positive*, c'est-à-dire l'image définitive, est recueillie sur du papier sensibilisé à l'aide du procédé suivant :

On trempe la face du papier qui doit recevoir l'image dans une solution albumineuse contenant un peu de chlorure de sodium, en ayant soin de ne pas imbiber le papier, mais seulement de le mouiller sur toute sa surface. Après avoir été séchée, cette surface, ainsi préparée à l'albumine, est posée sur un bain de nitrate d'argent, en observant qu'elle se mouille dans toutes ses parties, et puis elle est séchée de nouveau : le papier est dès lors sensibilisé. On le place derrière la glace (le cliché) et on l'expose à la lumière ; celle-ci traversant les parties plus ou moins transparentes du cliché, vient teinter proportionnellement le papier sensibilisé, et en raison inverse de l'opacité de ce cliché. Les ombres du cliché deviennent donc les lumières dans l'image définitive, qui reprend ainsi les valeurs réelles d'ombres et de lumière de l'objet qu'elle doit représenter.

En raison de l'infiniment petite quantité de réactifs dont l'action a fixé l'image, et que des causes physiques, également très faibles, peuvent détruire ; en raison surtout des nouvelles réactions qui se produisent avec le temps, l'altération des épreuves photographiques est plus ou moins rapide. Trouver le moyen de perpétuer leur durée, tel est le problème qui a été résolu par la chimie, et qui repose sur la faculté de reproduire indéfiniment le cliché, par son impression à l'encre grasse.

L'inventeur de la photographie, M. Niepce, avait remarqué, dès l'origine de ses recherches (1814), que lorsqu'une plaque est recouverte d'un vernis de bitume de Judée, les parties de ce bitume qui étaient frappées par la lumière, devenaient de plus en plus insolubles, suivant le degré d'intensité des rayons lumineux qui les frappaient. En faisant mordre ensuite cette plaque par des acides, les parties plus ou moins bitumées faisaient « réserves » comme dans la gravure à l'eau-forte. On peut dire que cette observation constitue une première tentative de gravure héliographique.

Il y a quelques années, un habile chimiste, M. Poitevin, a trouvé un procédé qui lui a mérité le grand prix

fondé par M. le duc de Luynes, pour l'inventeur d'un
moyen de reproduire les images photographiques par
leur impression à l'encre grasse. Ce procédé repose sur
la propriété que possède la gélatine, à laquelle on a mélangé du bichromate de potasse, de ne plus gonfler dans
l'eau, après avoir été soumise à l'action de la lumière.

En photographie, comme dans tous les arts, la chimie
a produit des résultats souvent inespérés. N'est-on pas
émerveillé, lorsque l'on a sous les yeux certaines repro-
ductions photographiques des choses de la nature : depuis le vibrion invisible qui s'agite dans une goutte
d'eau, jusqu'à la tache gigantesque qui apparaît sur le
soleil ? Pauvre soleil ! sa stupéfaction doit être extrême !

Après avoir eu des autels, des prêtres, des adorateurs ;
après avoir été l'objet du culte de la presque totalité du
genre humain ; après avoir servi de symbole au plus va-
niteux des monarques ; — la chimie verse, successivement, deux liquides sur une plaque de verre qu'elle
pose froidement devant sa fulgurante face ; elle lui dit :
« Allons, soleil, à l'ouvrage ! aiguise tes rayons, taille
tes crayons ; dessine !... et » il obéit.

VII

LA CHIMIE DES MÉDECINS

La chimie devait encore rester, pendant des siècles, à l'état embryonnaire; elle germait péniblement dans le terrain stérile de la superstition, que déjà, sous le nom d'alchimie, elle enseignait aux hommes l'usage de l'opium, des préparations diverses de l'antimoine, des chlorures d'or et d'argent, des carbonates alcalins; elle leur apprenait à guérir avec des substances aussi vénéneuses que le mercure et l'arsenic; Glauber découvrait son *sel admirable*.

Sous le fouet révolutionnaire de Paracelse, elle mettait en déroute les absurdités et les puérilités des drogues galénistes; elle faisait voir que, dans la fameuse thériaque, par exemple, ce n'était ni la tête d'une vipère, ni le cœur d'un crapaud, mais uniquement l'opium qui agissait et guérissait. Elle remplaçait déjà, malgré ses obscurités propres, les jongleries et le charlatanisme des guérisseurs, par une plus grande simplicité et un commencement de méthode dans l'art de formuler.

Mais c'est surtout depuis la fin du siècle passé, lorsque la science arriva aux mains de Bergmann, de Scheele ; puis aux mains de Lavoisier, Davy, Berzélius ; et plus tard, dans celles de Vauquelin, de Pelletier, etc. ; depuis surtout que les découvertes de la chimie organique ont enrichi le domaine pharmaceutique d'une foule d'alcaloïdes végétaux, que l'on a pu apprécier la puissance et la variété des armes qu'elle met au service des hommes qui pratiquent « l'art de guérir. »

Les *anesthésiques*[1] offrent un des plus remarquables exemples de ce que peut une science, telle que la chimie, lorsqu'une idée vient solliciter son concours. Cette fois, il ne s'agissait de rien moins que de supprimer des souffrances atroces, de suspendre la faculté de sentir et de penser ; de produire, en un mot, les effets d'une mort momentanée.

Des douleurs intolérables, le sentiment de sa misère, la vue de son sang, affectaient le moral du patient, épuisaient ses forces et devenaient souvent l'obstacle principal à la réussite d'une opération chirurgicale. — Anéantir à la fois la douleur et le sentiment sans compromettre la vie, semblait un rêve irréalisable, bien que les anciens eussent atteint ce but, dit la tradition, en se servant de la mandragore, à laquelle ils attribuaient des propriétés surprenantes : celle, entre autres, d'endormir assez profondément un malade pour qu'il ne ressentît aucune douleur pendant toute la durée d'une opération.

Ne rencontrant pas réellement cette précieuse propriété

---

1. A privatif, *aisthésis* sensibilité.

dans la mandragore, les chirurgiens modernes cher-
chèrent vainement le même résultat dans l'emploi de
l'opium à haute, dose, de la glace placée sur les membres à amputer, dans l'interruption, par compression, de
la circulation du sang, c'est-à-dire par l'engourdissement.

L'inhalation prolongée de l'*éther* (C^4HO^5), appliquée
pour la première fois par le Dr Jackson (de Boston) pour obtenir l'insensibilisation, fit donc une véritable révolution

Fig. 43. — Préparation de l'éther.

dans le monde des médecins; cette découverte providentielle mit sur la voie des anesthésiques considérés comme
plus efficaces. — L'éther n'est pourtant pas d'origine
récente, car son auteur, Valérius Cordus, vivait au commencement du seizième siècle; il lui avait donné le nom
d'*oleum vini dulce*. —Délaissé, peut-être avec trop d'empressement, pour le chloroforme, l'éther ne présentait
pas, dans son emploi, autant d'inconvénients que ce
dernier, mais son effet était infiniment moins prompt.

On obtient l'éther en mélangeant et en distillant 10 parties d'alcool rectifié et 18 parties d'acide sulfurique (fig. 43). Lorsque le liquide est en ébullition, on y introduit continuellement de l'alcool, mais en quantité telle que l'ébullition ne soit pas interrompue, et de manière aussi que cette quantité remplace toujours celle qui a été épuisée par la réaction [1]. — Les produits de cette distillation sont : 1° de l'éther ; 2° de l'eau ; 3° un peu d'alcool entraîné ; on débarrasse l'éther de ces deux derniers par un nouvelle distillation au bain-marie.

Le *chloroforme*[2] a été découvert, en même temps, par Liebig, en Allemagne ; Soubeiran, en France, et par Guthrie aux États-Unis (1831). — Ses propriétés anesthésiques ont été préconisées, également au même moment, par M. Flourens, en France, et par MM. Simpson et Bell, en Angleterre. Il se prépare en faisant réagir l'alcool sur le chlorure de chaux, auquel on ajoute un peu de chaux vive ; et en distillant le produit de la réaction.

Le chloroforme se présente sous l'aspect d'un liquide très lourd, d'une limpidité parfaite ; son odeur rappelle beaucoup celle de l'éther ; elle pourrait donc bien l'avoir signalé à l'attention de ceux qui cherchaient des anesthésiques pour remplacer l'éther.

L'action de cette substance semble s'exercer principalement sur le cœur, dont elle paralyse le réseau nerveux ; elle est beaucoup plus rapide et plus complète que celle de l'éther ; puisque quinze ou vingt aspirations, exercées au-dessus d'un linge imbibé de chloroforme, approché de la bouche et des narines, suffisent pour

---

1. M. Boullay a démontré qu'une même quantité d'acide sulfurique pouvait éthérifier une quantité indéfinie d'alcool.

2. $(CH,Cl^3.)$

provoquer une insensibilité parfaite que l'on peut prolonger, sans inconvénient, pendant près d'une heure, si l'on a la précaution de permettre à l'air de se mélanger aux vapeurs du chloroforme.

Sous l'influence de cette stupéfaction du système ner-

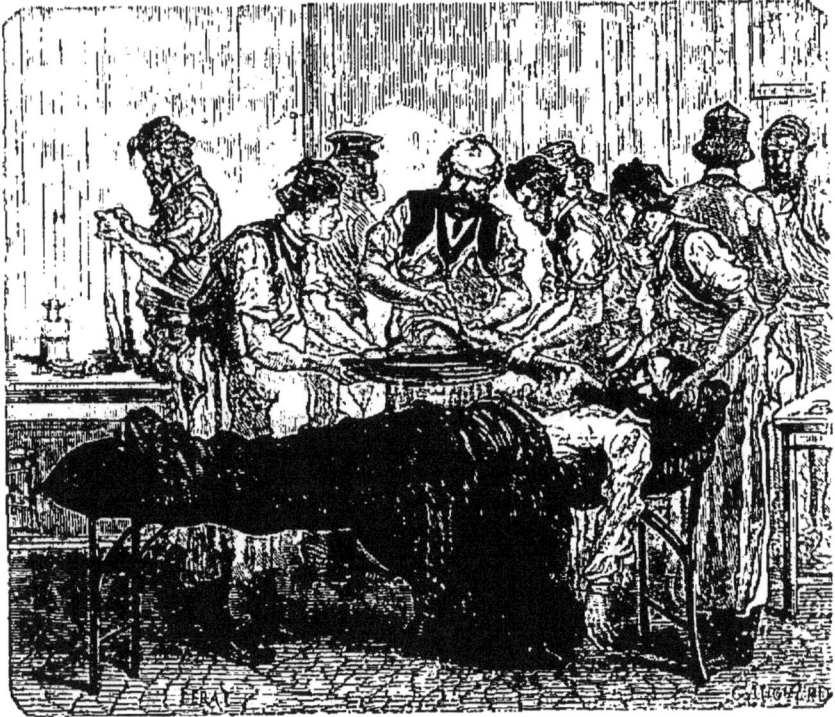

Fig. 44. — Les anesthésiques, le chloroforme.

veux, les opérations les plus longues et les plus douloureuses peuvent être pratiquées sans que le malade ait la conscience de ce qui se passe; le chirurgien qui l'opère peut agir avec toute la liberté d'esprit qu'il conserverait en présence d'un cadavre inerte.

Il faut dire cependant que des syncopes terribles et soudaines, se terminant par la mort, ont ébranlé, plusieurs fois, la confiance que l'on avait dans l'usage de

cet anesthésique; mais l'éther lui-même avait fourni
plusieurs exemples d'aussi funestes accidents; il faut
supposer que, dans l'un et l'autre cas, ces substances
étaient alors maniées par des personnes inexpérimentées
ou qui ne tenaient pas suffisamment compte des pres-
criptions imposées. Ces exceptions sont certainement
fort regrettables, mais elles ne sauraient faire oublier
les immenses services rendus journellement, à la médecine opératoire, par ce précieux auxiliaire.

Un carbure d'hydrogène, l'*amylène*[1] ayant aussi l'o-
deur de l'éther, a été essayé en qualité d'anesthésique,
mais on a dû, croyons-nous, renoncer à l'employer à
cause des dangers sérieux qu'il présente. Découvert par
Balard, en 1844, l'amylène se prépare en faisant chauffer un mélange d'alcool amylique, avec une dissolution
de chlorure de zinc. C'est un liquide d'une très faible
densité, incolore, limpide, [et dont le point d'ébullition
est 35°.

Un gaz, le *protoxyde d'azote* (Az^2O), découvert en 1776
par Priestley qui lui donna le nom de *gaz nitreux déphlogistiqué*, fut appelé plus tard *gaz hilarant* ou du *paradis*,
à cause de l'ivresse gaie, de la jovialité que produit son
inhalation, comme le témoigna H. Davy, qui en fit personnellement l'expérience en 1799. Ce chimiste remarqua que, sous l'influence de cette ivresse, on échappait
à la plupart des douleurs physiques, et cette observation le conduisit à entrevoir la possibilité d'utiliser ce
gaz, comme anesthésique, dans les opérations chirurgi-
cales. Le gaz hilarant est d'un usage difficile et dangereux; poussée à l'excès, son inhalation détermine la suf-

1. (C^5H^{10})

focation et la mort; et il n'est pas démontré que, dans
ce cas, le trépas soit entouré d'images très riantes. On
le prépare, soit en décomposant le nitrate d'ammoniaque
par la chaleur, soit en faisant agir le zinc sur un mélange, à volumes égaux, d'acides nitrique et sulfurique,
étendu de cinquante volumes d'eau.

En lui donnant les anesthésiques, la chimie a singulièrement allégé la tâche du chirurgien : elle lui a livré
son malade pieds et poings liés, incapable de tout mouvement, de toute pensée; pas une larme dans ses yeux,
par un muscle contracté sur sa face, aucun cri de
suprême angoisse, rien ne vient troubler l'opérateur,
qui taille, qui scie, qui arrache ces chairs et ces os
insensibles avec tout le calme, la réflexion et la précision qui devaient lui faire défaut lorsque, naguère, le
patient se tordait sous sa main, lorsque ses hurlements
de douleur, ses supplications, lui faisaient une loi de se
hâter (fig. 44).

Et quelle secousse nerveuse a été épargnée au pauvre
malade! Aujourd'hui l'amputé se réveille, le bras ou
la jambe n'y est plus; c'est certainement déplorable,
mais le sacrifice n'en était-il pas fait d'avance? L'esprit
y était préparé; le réveil est pénible, voilà tout.

La scène change : c'est une femme qui renaît à la vie
au milieu des premières joies splendides de la maternité,
sans avoir passé par les atroces douleurs qui les pré-
cèdent et les font payer si cher. Elle se réveille, et le premier bruit qui frappe son oreille, ce sont les vagisse-
ments du bel enfant qui est couché à ses côtés. Embras-
sez-le, madame, et adressez un remercîment mental à la
chimie à qui vous devez doublement tant de joie; car en
vous retirant la douleur, elle vous a peut-être aussi sauvé

la vie. Cette potion que vous avez bue dans le moment suprême, contenait de l'*ergotine*, un puissant excitateur dans les cas d'inertie; n'est-ce pas aussi l'ergotine qui a enrayé une hémorrhagie foudroyante qui s'était déclarée? Pensez que, si la chimie n'avait pas mis l'ergotine à la disposition de votre médecin, l'enfant que vous contemplez, ravie, ne serait plus qu'un orphelin.

L'ergotine est une préparation qui n'offre pas, dans l'emploi, les dangers du *seigle ergoté* dont elle représente le principe actif; c'est le remède sans le poison. M. Bonjean, de Chambéry, est l'auteur de cet utile médicament. Il l'obtient en épuisant, par l'eau, la poudre de seigle ergoté; cette dissolution, faite à chaud, et rapprochée à consistance sirupeuse, est ensuite traitée par un excès d'alcool qui précipite une matière gommeuse; tel est le produit que M. Bonjean a nommé « ergotine » bien que, fort complexe et mal défini jusqu'à présent, il ne soit pas l'alcaloïde du seigle ergoté. Il n'en est pas moins extrêmement utile, comme nous l'avons dit, dans tous les cas de paresse des fonctions utérines, et aussi lorsque des pertes inquiétantes nécessitent l'emploi d'un hémostatique énergique.

L'*iode*, devenu un de nos médicaments les plus précieux, a été découvert, en 1811, par Courtois, salpêtrier de Paris, qui traitait les cendres de fucus pour y trouver la potasse. Il fut étudié et défini, peu de temps après, par Gay-Lussac, qui nous a laissé[1] sur ce sujet un mémoire resté célèbre. Balard le rencontra dans divers mollusques, dans les eaux mères des salines de la Médi-

---

1. Davy a contesté à Gay-Lussac la priorité de cette étude de l'iode. Le mémoire de Gay-Lussac se trouve dans les *Annales de chimie et de physique* (1re série).

terranée, etc.; Vauquelin dans un minerai d'argent; Angelini dans l'eau salée de Voghera; on le rencontra encore dans la plupart des eaux minérales des Pyrénées; M. Chatin le trouve dans une foule de plantes autres que les plantes marines, dans l'eau des fleuves et des rivière; il le trouve dans l'air que nous respirons. Nous aurions donc pu éviter cette longue énumération, et dire tout simplement que l'iode se trouve partout.

En dehors de ses nombreuses applications en thérapeutique, l'iode a rencontré, dans la photographie, un consommateur inattendu qui a singulièrement augmenté l'importance de sa fabrication.

La matière originaire qui fournit les grandes quantités d'iode consommées aujourd'hui est le *goëmon*, nom qui généralise, sur les côtes de Bretagne, diverses espèces de fucacées, parmi lesquelles on en distingue deux principalement : le *fucus serratus*, le *fucus vesiculosus*. Le premier est cette longue feuille étroite et plissée, dentée comme une scie, faisant suite à une tige cylindrique, très longue également (fig. 45), et que, en raison d'une certaine similitude de forme, on nomme « queue-de-vache ». Le second (fucus vesiculosus) est reconnaissable aux vésicules d'air qui se forment sur les feuilles, de chaque côté de la nervure (fig. 46). L'usage interne de ce fucus a été recommandé, ces dernières années, aux personnes affligées d'un excès d'obésité; elles maigrissent réellement après quelques semaines de ce traitement, mais cet amaigrissement, sans doute surmené, les laisse flasques, étiolées, et fait presque regretter leur ancien embonpoint.

La récolte, ou plutôt la « pêche » du goëmon, est une excellent ressource pour les populations peu fortunées

des côtes de la Bretagne. La *récolte* de ces plantes marines locales est réglementée ; elle n'est permise que depuis
la pleine lune de mars jusqu'à la pleine lune d'avril.

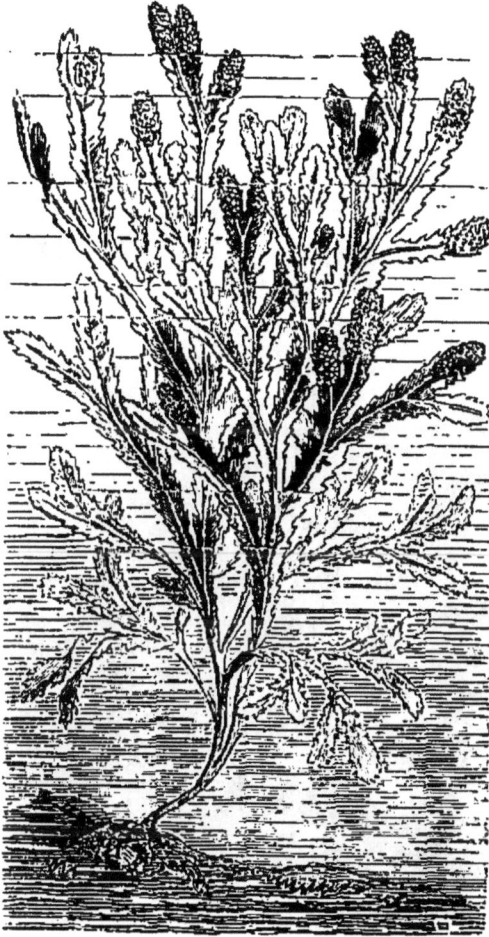

Fig. 45. — Fucus serratus.

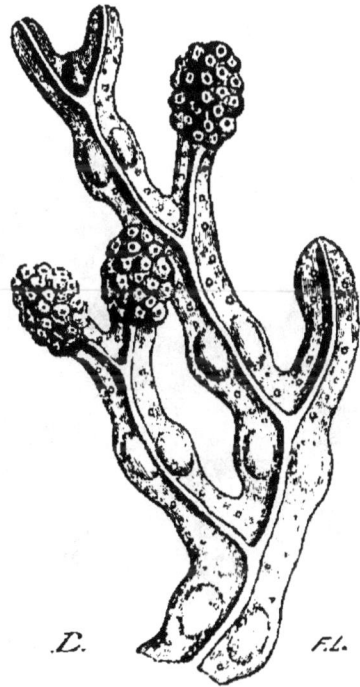

Fig. 46. — Fucus vesiculosus

Quant à la *pêche* du goëmon, originaire de plages éloi-
gnées, et que la mer, après l'avoir arraché du rocher sur
lequel il végétait, transporte au loin et notamment sur
les côtes bretonnes où il vient échouer, elle peut s'exercer en toute saison, puisque cette plante n'est alors

Fig. 47. — Pêche du goëmon

qu'une épave; si elle n'était pas recueillie, elle serait perdue.

Cette pêche s'opère aux marées descendantes, et à l'aide d'un grand râteau à deux peignes, muni d'un manche de quatre à cinq mètres de longueur (fig. 47). Le pêcheur est accompagné de sa femme et de son âne; tous trois entrent dans l'eau, l'homme et la femme jusqu'à mi-cuisse, et naturellement l'âne y est jusqu'au ventre. L'homme lance son râteau, aussi loin que la longueur du manche le lui permet; les varechs, entraînés par la vague qui se retire, s'accrochent dans ses dents et finissent par s'y accumuler. Ils constituent alors une petite digue qui résiste à l'effet de la vague, dans sa course en retraite; il faut donc un grand effort musculaire de la part du pêcheur qui tient le manche du râteau pour n'être pas entraîné; il y parvient en s'arc-boutant solidement sur ses jambes, et en rejetant le haut du corps en arrière. Puis, lorsque la vague est passée, il s'empresse de retirer, avant le retour de la vague suivante, son râteau chargé de varech. Celui-ci est entassé, par la femme, sur le dos de l'aliboron qui attend, avec la patience mélancolique qui caractérise sa race, que son chargement soit complet. La femme et lui s'acheminent alors vers un point de la plage, en dehors des atteintes de la mer; le goëmon y est étendu pour sécher et y être « fané » jusqu'à dessication à peu près complète.

Lorsque ces fucus sont à peu près secs, on les rassemble et on en forme des meules informe auxquelles on met le feu. Ils brûlent doucement et se réduisent en cendres; celles-ci sont recueillies et transportées dans les usines qui les lessivent pour en retirer les sels solubles (chlorures de sodium et de potassium, carbonate de soude et sulfate de potasse), que l'on sépare dans des appareils à déplacement méthodique; et l'on pousse les cristallisations successives de ces sels, jusqu'à ce que les eaux mères, concentrées, ne contiennent plus que de faibles quantités de ces sels cristallisables. On y trouve donc encore du sulfate de potasse, du nitrate de potasse, des chlorures de sodium et de potassium, du carbonate de soude; mais on y trouve surtout des *iodures* et des *bromures* qui constituent une nouvelle valeur.

Pour en extraire l'iode, on met ces eaux mères dans un vaste alambic en plomb, chauffé dans un bain de sable, et on y verse de l'acide sulfurique qui sature immédiatement les carbonates en faisant dégager leur acide carbonique; puis il attaque les chlorures, les nitrates et hyposulfites, en dégageant les gaz acides chlorydrique, hypoazotique. Après la saturation par l'acide sulfurique, on ajoute 10 pour 100 (du poids des eaux mères) de peroxyde de manganèse afin d'éviter une perte d'iode sous forme de gaz acide iodhydrique; enfin, on évapore et on calcine le résidu jusqu'à la température du rouge naissant.

Le résidu calciné est ensuite dissous dans l'eau; celle-ci renferme alors l'*iodure de potassium*, dont on précipite l'iode, peu soluble, en lui substituant le chlore. L'iode, recueilli par décantation, est soumis à plusieurs lavages, et après l'avoir séché, on le sublime au moyen de cornues en grès A, A, disposées dans un bain de sable B, B, chauffé par le foyer C (fig. 48).

La panse et le col des cornues sont entourés de sable afin que les vapeurs d'iode ne s'accumulent pas dans les cols en s'y refroidissant, mais passe librement jusque dans les récipients D, qui sont munis d'un couvercle *e*, et d'un tube *fg* conduisant, au dehors, les vapeurs aqueuses provenant d'une dessiccation incomplète de l'iode. Celui-ci est enfin recueilli, dans les récipients où il s'est déposé, sous la forme de paillettes d'un gris violet, et possédant un certain éclat chatoyant, métallique.

Sans que l'on s'en doutât, l'iode avait, depuis bien longtemps, dévoilé ses précieuses propriétés curatives.

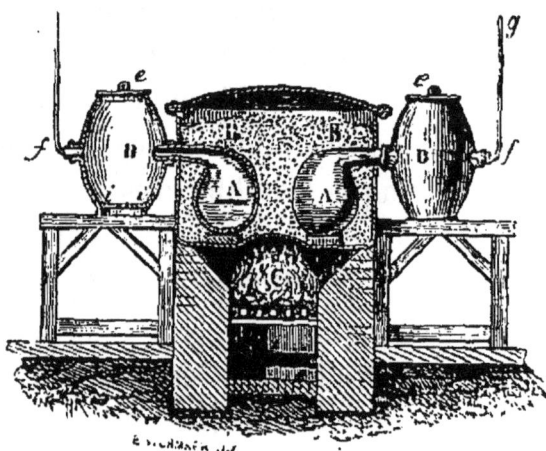

Fig. 48. — Sublimation de l'iode.

Depuis longtemps on traitait les goîtres, nans le Valais, sans savoir qu'en faisant avaler de l'éponge brûlée aux goitreux, on leur administrait de l'iode ; ce fut le docteur Coindet, de Genève, qui eut la pensée en 1819, de rechercher l'agent curatif de ses éponges, et le trouva sous la forme de ce métalloïde. L'éponge fut dès lors abandonnée pour l'usage direct de l'iode, dont on reconnut bientôt l'action énergique sur tout le système glandulaire ; et plusieurs médecins, parmi lesquels il faut citer le Dr Lugol, l'employèrent avec succès dans une foule d'affections dérivant des constitutions lymphatiques, et constatèrent son immense valeur, comme modificateur des tempéraments scrofuleux. Entre leurs mains, l'iode est devenu un puissant instrument dans l'art de guérir.

On emploie, sous toutes les formes, à l'intérieur et à l'extérieur ; on fait même respirer ses vapeurs dans certaines affections des organes respiratoires ; la question est simplement d'en modérer la dose ; car, pris en excès, ce bon remède devient un violent poison.

Les vertus médicamenteuses de l'huile de foie de morue, et de foie de certains sélaciens, sont dues à la quantité d'iode et de brome qu'elles renferment. De même que pour l'éponge brûlée des goîtreux des Valais, le motif de l'action bienfaisante de l'huile de foie de morue fut ignoré fort longtemps. Bien des années avant que cette huile fût préconisée par les médecins, les « bonnes femmes » des ports de mer faisaient manger à leurs enfants pour les fortifier, des foies de raies et de cabillaud. Pour notre part nous en avons terriblement consommé de ces foies de raie qui avaient achevé de nous faire considérer comme tout à fait néfaste le jour déjà si mal famé du vendredi.

Tous les vendredis apparaissait invariablement, sur la table, la moitié et le quart d'une raie, mais le volumineux viscère du sélacien y était bien tout entier. Nous avons même longtemps soupçonné la cuisinière d'y mettre plus que le compte ; il nous paraissait qu'un lobe du foie de quelque camarade venait s'ajouter au foie réglementaire de la raie du vendredi. — Bref, la ration nous paraissait très grosse, infiniment trop grosse. — « Mange d'abord le foie, nous disait notre mère inflexible, tu auras ensuite un morceau de raie ! » — Elle ne se doutait guère, la pauvre chère femme, nous ne nous doutions pas davantage, que nous nous administrions alors l'iode et le brome, contenue dans deux ou trois cuillerées d'huile de foie de morue !

Les « remèdes de bonnes femmes, » comme les qualifient avec dédain les docteurs de la Faculté, leur ont fréquemment servi de jalons, pour les guider dans la conquête de nouveaux agents curatifs; et ils n'ont pas toujours eu la bonne foi de confesser la modeste origine de leurs brillantes découvertes. — L'éponge des goitreux, le foie de raie des enfants faibles, en fournissent déjà deux exemples ; en voici un troisième :

De temps immémorial, on a toujours sollicité son convive, à la suite d'un repas plantureux, de manger un morceau de fromage. — « Prenez donc du fromage, il n'y a rien de pareil pour faciliter la digestion ! » C'est une phrase stéréotypée qui est inévitablement débitée à la fin de tous les dîners; et cela depuis que le monde est monde, c'est-à-dire depuis que les fromages ont été inventés.

Il est donc présumable que les médecins, grands dîneurs de leur nature, ont dû être frappés de la persistance que mettait le genre humain à croire que le fromage faisait digérer. — « Pourquoi donc, durent-ils se dire un jour, ce bienheureux fromage nous fait-il si bien digérer? »

Il était réservé à Wasmann de découvrir, le premier, la *causam et rationem quare fromajum facit digerere*. Il la trouva dans une substance animale particulière, que sécrète la muqueuse de l'estomac des mammifères; elle y remplit le rôle d'agent dissolvant des aliments, de véhicule obligatoire dans l'acte de la digestion et de la nutrition. — Or il en rencontra de notables quantités dans certains fromages; et il lui donna le nom de *pepsine*.

La pepsine serait donc introduite dans le fromage, avec la présure qui fait cailler le lait. Tout le monde sait que ce que l'on appelle « présure » est la substance retirée du quatrième estomac du veau, non sevré; et c'est. du reste, de cette membrane, que le Dr Lucien Corvisart extrait la pepsine dont il a si heureusement enrichi la thérapeutique. — « Ferment organique, variant d'énergie avec les animaux, les saisons, il n'y a nul moyen de déterminer sa force, hormis la digestion elle-même; » dit le Dr Corvisart en parlant de ce principe actif de la digestion gastrique. — Introduite dans les aliments, elle vient substituer, dans les estomacs malades, la pepsine propre qui ne s'y trouve pas en suffisante quantité; et grâce à la collaboration assez bizarre d'un veau, la digestion se fait; la nutrition devient réparatrice.

L'administration d'un médicament est infiniment plus efficace (lorsqu'elle est possible), si on lui donne les aliments pour véhicule. — C'est ainsi que l'on est arrivé à introduire dans le chocolat une foule de substances médicamenteuses. — Pour notre très petite part, nous avons concouru, au point de vue chimique, aux travaux de notre regrettable ami Derouet-Boissière, qui avait eu l'heureuse idée d'utiliser les propriétés d'assimilation du *pain*, en le chargeant de porter, dans l'organisme, des agents modificateurs tels que le fer. — Sous la forme de « lactate, » le fer introduit dans le pain était devenu un puissant modificateur des constitutions chlorotiques. — Nous avons personnellement songé à y introduire le bicarbonate de soude en excès, et nous sommes parvenus à produire, de cette façon, un *pain de Vichy* qui a donné de bons résultats, mais dont il ne nous a pas été donné de suivre et de surveiller les destinées.

Une des plus heureuses conquêtes de la chimie, et que les médecins ont utilisée d'une façon merveilleuse, est due à Pelletier et Caventou, les auteurs du plus précieux des fébrifuges : le *sulfate de quinine*. — Nous avons dit (p. 187) par quel moyen on fabriquait, aujourd'hui, ce sel quinique, substance providentielle qui permet la colonisation des pays fiévreux. — Si nous ne craignions pas de mettre, un peu trop fréquemment, notre personne en scène, nous dirions ici ce que nous devons de reconnaissance au sulfate de quinine et à ses inventeurs. Nous n'oublierons jamais les horribles accès de fièvre qui nous eussent infailliblement tué, lorsque nous vivions pourtant au milieu des forêts de *cascarilla* de la Bolivie, si nous n'avions pas eu le sulfate de quinine pour nous soutenir alors, et nous guérir radicalement plus tard. — Les infusions alcooliques de la meilleure *Kina calsaya*, que nous avions sous la main, parvenaient à peine à amoindrir la violence des accès.

On redoute avec raison l'épuisement des forêts de quinquina; la manière dont nous les avons vu exploiter ne justifie que trop cette crainte. — Afin de s'éviter la fatigue de grimper à l'arbre pour en détacher l'écorce, les indiens *cascarilleros* ont imaginé de l'abattre, ce qui simplifie beaucoup le travail : ils le dépouillent alors à leur aise de la *tabla*, qui est l'écorce du tronc, et du *canuto*, qui est celle des petites branches.

Dans sa chute, cet arbre écrase, détruit vingt (peut-être plus) jeunes baliveaux qui sont perdus pour les récoltes ultérieures. Et puis, il faut avoir voyagé dans les *quebradas* de ces contrées, pour comprendre que si l'exploitation des arbres à quinquina, s'éloigne, davantage, des sentiers de chèvre qui serpentent dans les gorges sauvages de ces vallées, le transport de l'écorce, d'incroyable qu'il est aujourd'hui, deviendra humainement impossible.

La rareté, de plus en plus grande, de l'écorce de quinquina a dû suggérer la pensée de la remplacer par un fébrifuge similaire ; on a cru le trouver dans le saule (salicinée), dont M. Leroux extrait la *salicine ;* mais il ne semble pas, jusqu'à présent, que la salicine ait l'énergie du sulfate de quinine.

La découverte d'un grand nombre d'autres alcaloïdes permet d'administrer, sous un très petit volume, et à doses rigoureusement exactes, des agents curatifs d'une excessive puissance, tels que la *morphine* et ses dérivés, l'*atropine,* la *daturine,* la *codéine,* la *vératrine,* la *strychnine,* etc., et enfin la *digitaline,* de funeste mémoire.

La chimie, comme on le voit, ouvre des horizons infinis à l'art de guérir ; elle ne marchande pas au médecin les moyens de lutter contre la maladie ; elle lui offre, au contraire, un arsenal inépuisable, dans lequel il peut faire choix d'armes de toute espèce pour combattre le mal, le tuer ou le paralyser. Elle ne saurait faire davantage.

Il n'appartient qu'à la nature de doter ce médecin des qualités indispensables pour triompher dans cette lutte avec la maladie : l'esprit stratégique, le sagacité, l'*art.*

VIII

LE CHIMISTE

La chimie est abordable de trois côtés, tous les trois fort attrayants ; — ou, si vous le préférez, son temple se prête à trois espèces de culte : elle écoute, avec une égale bienveillance, trois sortes d'adorateurs.

Les « théoriciens », toujours un peu poètes, qui ne s'occupent de la matière qu'au point de vue purement spéculatif. — Ils ne s'attachent qu'aux principes, et n'ont d'autre outil de travail que la pensée. — C'est Dalton, par exemple, qui découvre, peut-être dans une nuit d'insomnie, la loi des proportions multiples. Ceux-là sont les adorateurs platoniques de la chimie.

Les « analystes, » toujours inquiets, remuants, questionneurs. Le microscope sous l'œil, la balance à la main, ils interrogent la matière, la fouillent, la dissèquent, l'analysent ; ils demandent d'abord, et fournissent ensuite des preuves de « la raison d'être » ; ils ne veulent pas davantage ; leur avidité de connaître est

satisfaite, cela leur suffit. — Priestley, Scheele, etc.,
sont les explorateurs de la chimie.

Les « pratiquants » prennent possession du terrain
exploré par les précédents ; ils le trouvent tout défriché,
débarrassé des orties, et n'attendant plus que la main
habile d'un homme sagace pour recevoir toutes les applications et produire. Ceux-ci découvrent l'éclairage
par le gaz, la saponification des corps gras, le traitement
des métaux, la soude artificielle, etc., etc.; ce sont les
cultivateurs de la chimie.

Théoriciens, analystes, pratiquants se complètent les
uns par les autres; l'un rêve, l'autre fouille, le troisième manipule, et de l'action combinée de ces trois
rouages, résulte une force devant laquelle la matière
doit s'incliner.

Nous avons vu le minerai informe se métamorphoser,
sous la main du chimiste, en un métal inappréciable :
le fer. Nous avons vu les sables grossiers se convertir en
cristal ; — un sombre fossile, un cadavre exhumé des
entrailles de la terre, nous fournir des torrents de lumière, de chaleur ; et lorsque nous pensions en avoir
tout extrait, il nous fournit encore des couleurs splendides ; — nous avons eu déjà cent autres preuves du
pouvoir extraordinaire que la science met aux mains
du chimiste. Il nous reste à parcourir encore quelques
unes de ses autres conquêtes sur la matière, et à faire
connaissance avec l'homme surprenant qui accomplit
tant de miracles.

On pénètre très facilement dans le laboratoire de l'ar-
rière-petit-neveu d'Abou-Moussah-Djafar-al-Sofi ; — il suffit de frapper à la porte et d'entrer, sur l'invitation que
vous en fait une voix qui n'a rien de ténébreux.

Fig. 49. — Laboratoire de chimie.

Le local est vaste, bien aéré, surabondamment éclairé
par des vitrages spacieux (fig. 49). — Une cheminée en
briques à laquelle sont adossés un four à réverbère et
un fourneau à air ; deux ou trois autres constructions,
d'aspect métallurgique, donnent à l'ensemble une tournure plutôt industrielle que scientifique ; on se croirait
dans une usine. Mais des tablettes chargées de matras,
de cornues, de tubes ; des armoires vitrées remplies de
flacons, de bocaux étiquetés ; des fourneaux portatifs,
coiffés de leur réverbère ; une foule d'autres objets vous
apprendraient suffisamment que vous êtes chez un chimiste, si vous ne le saviez déjà.

Des tables, maculées de taches nombreuses faites par
les réactifs, sont chargées de fioles, de filtres en fonc-
tion, de réchauds alimentés par le gaz. — Le gaz semble rendre de nombreux services dans le chauffage des
divers appareils, car des tuyaux le distribuent de tous
les côtés. Le caoutchouc et la gutta-percha sont également représentés par des tubes de toutes les longueurs
et de tous les diamètres ; deux fils, ou plutôt deux ru-
bans de cuivre, entourés de gutta-percha et traversant
toute la longueur du laboratoire, témoignent de la présence d'une pile qui doit fonctionner quelque part, au
dehors. Le maître de céans est debout, près d'une table ;
il y surveille un liquide en ébullition.

L'aspect de cet « homme surprenant », comme nous
l'appelions tout à l'heure, n'offre de particulier que
la modestie de son costume, que ne vient pas rehausser
un vaste tablier à bavette, muni d'une large poche
qui s'étend, par devant, sur tout l'abdomen. Le savant
a le costume et un peu la tournure d'un élève en phar-
macie.

19

Nous remarquons avec chagrin qu'un doigt manque
à l'une de ses mains, et que l'un de ses yeux est fermé
pour toujours. Ces deux mutilations, il les a subies un
jour que, examinant un liquide oléagineux, très explosif
(le chlorure d'azote), qu'il venait de découvrir, l'appareil lui éclata dans les mains, lui enleva un doigt, et ses
éclats crevèrent un de ses yeux[1].

Un autre jour, en faisant sa leçon à l'école polytech-
nique, il croit tenir le verre d'eau sucrée qui humecte,
à propos, la gorge fatiguée de l'orateur; il l'approche
de ses lèvres, en avale une gorgée et s'écrie : « — Je
suis perdu !... Vite, messieurs, procurez-vous de l'albumine, des œufs ! » — Il avait avalé une solution de deu-
tochlorure de mercure (sublimé corrosif). — On court,
on revient en toute hâte avec des œufs ; chacun se met
à l'œuvre, on casse les œufs, on en fouette les blancs,
que le malheureux chimiste ingurgite en abondance ;—
il est sauvé[2].

Dans une autre circonstance, sa servante, regardant
providentiellement par la fenêtre de son laboratoire,
l'aperçoit étendu, sans mouvement, sur le sol. Une fiole
qu'il tenait à la main s'est brisée dans sa chute, et l'a-
cide sulfurique qu'elle contenait a déjà imbibé ses vêtements et pénètre jusqu'à la chair. Elle se précipite et
tombe elle-même, demi-asphyxiée par les vapeurs meurtrières d'oxyde de carbone et d'acide prussique qui s'é-
chappent accidentellement, d'un appareil à préparer
l'oxyde de carbone. — C'est avec beaucoup de peine
que l'on parvient à les rappeler tous deux à la vie[3]

1. Dulong. — 2. Thénard.
3. Ebelmen.

Nous pourrions multiplier les récits des événements qui ont, plusieurs fois, mis notre chimiste à deux doigts de la mort; mais il n'a pas besoin de cela pour nous inspirer le plus vif intérêt ; il lui suffit de mettre sous nos yeux quelques-unes de ses œuvres. — Choisissons, dans le nombre, celles qui ont participé au développement progressif de l'industrie.

Lampadius avait découvert, à la fin du siècle passé, en calcinant une tourbe pyriteuse, un liquide très dense, éminemment inflammable, d'un pouvoir réfringent très élevé, auquel il avait donné le nom de « soufre liquide ».

Oublié pendant de longues années, ce produit fut examiné par Thénard, Vauquelin, Berzélius et d'autres chimistes, qui reconnurent qu'il représentait la combinaison d'un atome de carbone et deux atomes de soufre (CS^2) ; il prit conséquemment le nom de bisulfure de carbone ; industriellement on le nomme *sulfure de carbone*.

Le développement de l'industrie du caoutchouc donna bientôt une importance extrême au sulfure de carbone, qui est son dissolvant par excellence ; mais lorsque cette industrie voulut prendre son essor, le sulfure de carbone n'était encore qu'un produit de laboratoire, qui se vendait 50 francs le kilogramme. Notre chimiste s'empara de cette difficulté industrielle, l'examina un instant, et s'aperçut que l'énormité du prix de revient provenait, uniquement, des dépenses considérables résultant de la fragilité et de la faible production des organes de l'appareil. — C'était un tube en porcelaine, incliné, contenant du charbon porté au rouge, et dans lequel on introduisait des petits morceaux de soufre, dont les vapeurs se combinaient au carbone de la braise qu'elles rencontraient en traversant le tube. — Transformer cet appareil de laboratoire en appareil industriel ne fut pour lui qu'un jeu.

Aux tubes de porcelaine, si coûteux et si fragiles, il[1] substitua un cylindre en fonte de 2 mètres de haut et 50 centimètres de diamètre, placé verticalement dans un four (fig. 50). Un tube, pour l'introduction du soufre, ar-

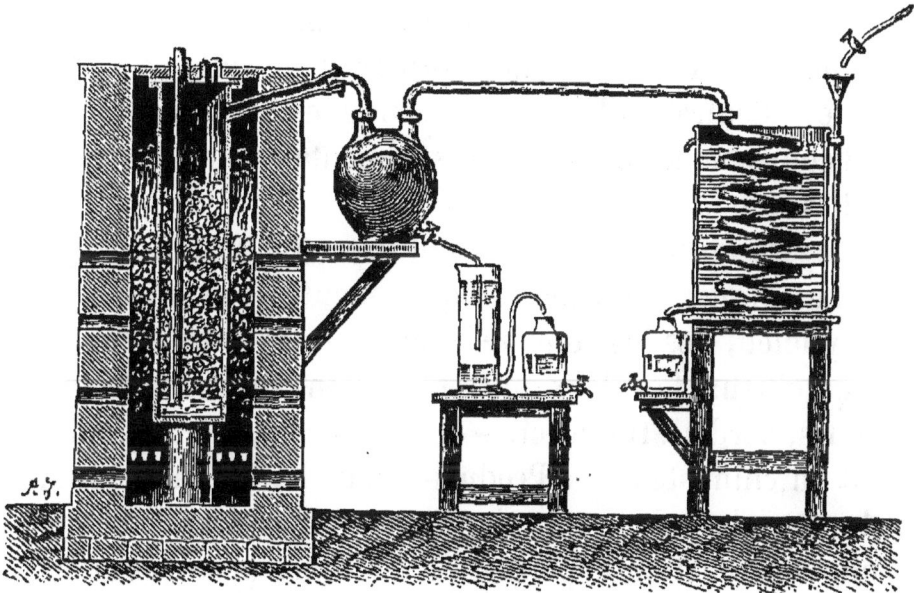

Fig. 50. — Sulfure de carbone

rive jusqu'au fond du cylindre. A la partie supérieure de celui-ci, est un autre tube par lequel passent les vapeurs de sulfure de carbone qui, après s'être produites par la réaction des vapeurs de soufre sur le coke dont le cylindre est rempli, vont se condenser d'abord dans une tourie ; ce qui échappe à cette première condensation va se liquéfier dans un serpentin rafraîchi.

Il améliora[2] encore cet appareil en substituant à un

1. M. Perroncel
2. M. Deiss.

cylindre de fonte, dont la durée n'était pas suffisante, une cornue en terre réfractaire, semblable à celles qui servent à la fabrication du gaz. — Toutes ces améliorations ont fait descendre, de cent degrés, le prix de revient du sulfure de carbone. Le kilogramme, qui coûtait 50 francs en 1840, ne coûte plus que 50 centimes aujourd'hui.

Le sulfure de carbone a d'autres applications industrielles que la dissolution du caoutchouc ; c'est aussi un « dégraissant » des laines brutes et en suint ; sa propriété d'entraîner les huiles essentielles le fait appliquer à l'épuisement des substances alimentaires aromatiques, telles que le poivre, le café, etc. Il est probable que l'on trouvera mille manières de l'utiliser avec profit.

Le chimiste emprunte fréquemment à son voisin, le physicien, des instruments dont il tire ensuite un parti merveilleux. Ces deux amis se prêtent un mutuel concours, cordial, fraternel. — Le physicien, par exemple, dit au chimiste : — « Produis-moi de l'acide sulfurique, du zinc, du cuivre, etc., je te construirai, avec cela, une pile dont l'action te permettra de décomposer des sels (fig. 51), et de diriger leur élément métallique sur une surface dont il prendra l'empreinte. » — Et, en effet, nous le voyons[1], en 1837, décomposer, à l'aide d'une pile, le sulfate de cuivre dont l'acide sulfurique se rend au pôle positif, et le cuivre au pôle négatif, où il vient épouser les formes de l'objet dont on désire l'empreinte.

L'*électro-chimie* a reçu, depuis ce jour, des développements immenses. Le prolétaire a cessé de manger sa pitance avec une cuiller de fer, qui communiquait sou-

1. Jacobi en Russie ; Spencer en Angleterre.

vent aux aliments une saveur désagréable ; il la mange
aujourd'hui avec une cuiller de « Ruoltz », qui lui fournit, à la vue et au goût, tout le charme de l'argenterie
du riche, sans pour cela en avoir l'inabordable valeur
(fig. 52). Il vaut mieux s'adresser à la chimie qu'au pé-

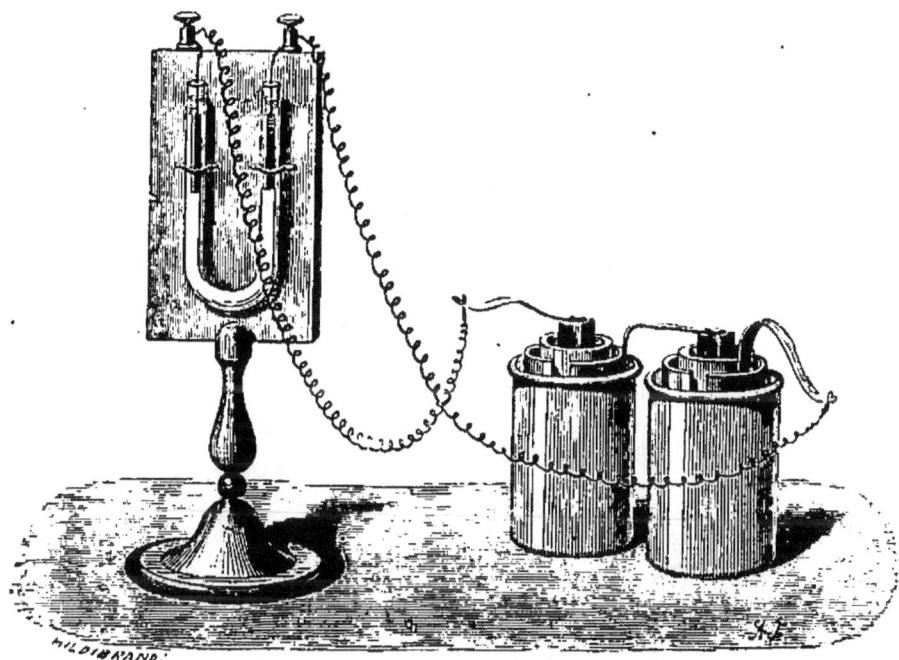

Fig. 51. — Décomposition des sels.

trole, lorsque l'on croit nécessaire de niveler les différences sociales.

Wœhler avait découvert, en 1827, le radical de l'alumine que David, Berzélius, Œrsted, ce dernier surtout,
avaient vainement cherché à obtenir. Pour extraire l'*aluminium* de l'alumine, Wœhler transformait d'abord
celle-ci en chlorure d'aluminium, en faisant passer du
chlore sur un mélange d'alumine et de charbon, chauffé
dans un tube en porcelaine. Le chlorure d'aluminium
était ensuite réduit par le *sodium*, qui s'emparait du chlore

et laissait l'aluminium libre. — Ce métal n'était et ne pouvait être, dans ces conditions, qu'un produit extrêmement coûteux, provenant d'une opération très délicate et fort longue.

Il nous souvient d'avoir produit de l'aluminium en

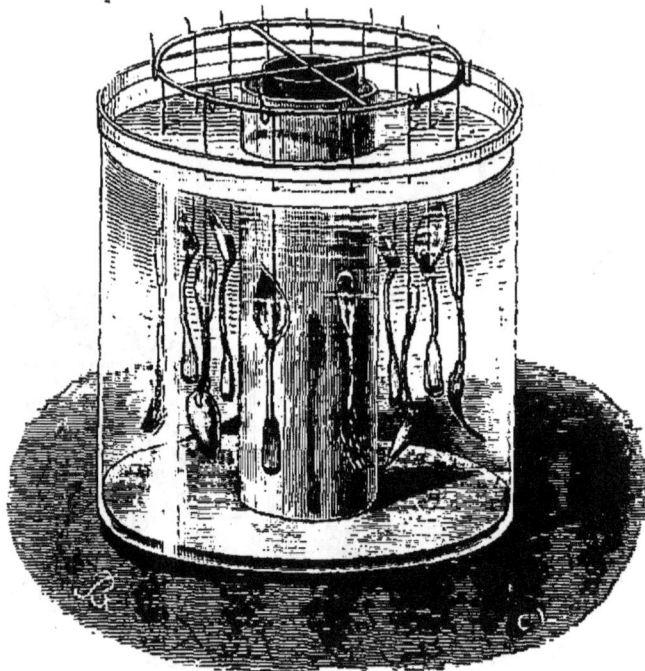

Fig. 52. — Argenture électro-chimique.

suivant le procédé de laboratoire indiqué par Wœhler, et d'en avoir obtenu un peu moins de 3 grammes qui avaient coûté près de 150 francs : — en tubes brisés, sodium consommé, construction d'appareils, chlore, etc., et encore, était-ce de l'aluminium douteux, qui, à la fonte, ne laissa qu'un globule homœopathique pesant, en tout, quelques milligrammes.

Notre chimiste[1] est parvenu, en respectant la théorie

1. M. Henri Sainte-Claire Deville.

de Wœhler, à faire, de l'aluminium, dont on possédait quelques rares petits spécimens, un métal usuel qui n'a peut-être pas eu le brillant succès industriel que l'on en attendait, mais qui n'en est pas moins acquis au trésor des conquêtes de la chimie industrielle.

Il y avait plusieurs difficultés industrielles à surmonter : il fallait d'abord faire descendre, à des proportions modestes, le prix du sodium qui était encore de 1 000 fr. le kilogramme. Ce résultat a été atteint en décomposant à une température élevée, le carbonate de soude du commerce par le charbon[1]. Cette réaction se faisait dans un cylindre en tôle épaisse (fig. 54), et le sodium produit se condensait dans un refroidissoir à large surface, formé de deux tôles minces écartées de 5 millimètres seulement, et rafraîchi par l'eau[2] : ce refroidissoir était posé horizontalement. Mais on s'aperçut que les fleurs de sodium, séjournant facilement sur les parois horizontales du refroidissoir, s'y oxydaient au milieu de l'oxyde de carbone qui les accompagnait; on songea[2] alors à placer ce refoidissoir verticalement, sur la tranche, et on cessa de le rafraîchir. — Dans cette nouvelle position, les globules de sodium s'écoulent rapidement le long de ses parois, et viennent se rassembler dans le fond, où ils trouvent une issue qui les conduit dans un vase contenant l'huile de naphte nécessaire à la préservation du métal alcalin (fig. 53).

Fabriqué par ce procédé, le sodium ne coûte plus 1 000 francs, mais seulement 10 francs le kilogr. : cent fois moins.

La réduction du chlorure d'aluminium s'opère dans

1. M. Brunner. — 2. MM. Donny et Mareska.
3. M. H. Sainte-Claire Deville.

des fours à réverbère, munis, à la voûte, d'une ouverture fermée par un tampon réfractaire, et par laquelle on verse sur la sole, préalablement chauffée, le mélange préparé de chlorure d'aluminium et de sodium, auquel on ajoute 20 p. 100 de cryolithe (fluorure d'aluminium et de sodium) qui agit comme fondant dans l'opération. — La réaction, favorisée par un brassage, s'opère rapide-

Fig. 53. — Sodium.

Fig. 54. — Fabrication du sodium

ment, et l'aluminium produit est déversé, par un trou de coulée, dans une poche de fondeur qui le distribue dans les lingotières.

L'aluminium coûte encore 100 francs le kilogr.; c'est peut-être le motif qui restreint son application, malgré ses qualités de sonorité et d'inaltérabilité (?) à l'air.

Les dangers d'intoxication, résultant de la fabrication et de l'emploi du blanc de plomb (carbonate de plomb) vulgairement nommé « céruse », avaient inspiré[1] depuis

1. A Guyton de Morveau.

longtemps au chimiste la pensée de substituer à cette couleur une autre substance, identique dans son application, mais inoffensive dans son emploi et sa préparation. — Il la trouva dans l'oxyde de zinc (ZnO), qui donne tous les tons dérivant du blanc, depuis le blanc de neige. — Le « blanc de zinc » s'obtient, chimiquement, de la manière la plus simple ; il suffit d'enflammer dans un courant d'air, les vapeurs de zinc chauffé au degré de chaleur qui produit sa volatilisation, et de recueillir la poussière très fine qui résulte de cette oxydation. — Un simple ouvrier, M. Leclaire, ramassa cette idée tombée dans l'oubli, et parvint, à force de persévérance, à la transformer en grande industrie.

L'emploi du blanc de zinc commence à se généraliser.

La routine, cette vieille obstinée, devrait s'incliner devant l'évidence des trois améliorations apportées par ce nouveau produit : 1° la préparation et l'emploi du blanc de zinc ne présentent aucun danger d'intoxication ; 2° les peintures à la céruse sont rapidement altérées, noircies par les émanations sulfureuses du gaz, des fosses d'aisance, etc., tandis que ces émanations n'ont aucune propriété altérante sur les peintures au blanc de zinc ; 3° ces dernières, bien que plus durables que les peintures au blanc de plomb, ne sont pas tout à fait aussi coûteuses. — Le nombre et la gravité des accidents occasionnés par l'antique céruse devraient donc faire adopter, et d'une façon exclusive, l'usage du blanc de zinc. — Mais de graves intérêts industriels sont en jeu ; la céruse tue, il n'en faut pas moins respecter des situations que l'on dit respectables.

Une branche de la science, la plus importante à tous les titres, puisqu'elle est appelée à nous donner la chose

la plus désirable : la surabondance des aliments; — la
« *chimie des paysans* », — mériterait que dix volumes,
comme celui-ci, lui fussent consacrés. A notre grand
regret, nous ne pouvons néanmoins nous en occuper autrement qu'en lui réservant nos dernières pages.

Les savants ont pris, très tardivement, cette grave affaire en mains. Il semblait qu'une question aussi peu
élégante que celle des *engrais* répugnât à leur esprit,
car il n'y a guère que vingt-cinq ou trente ans qu'ils ont
manifesté la résolution de lui accorder leur attention. —
Lorsqu'un sujet, quel qu'il soit, parvient à provoquer la
discussion, il finit par passionner; chacun prend parti
dans la lutte, et cesse de se préoccuper de la nature plus
ou moins élégante du champ de bataille; c'est ce qui est
arrivé pour les engrais. Bien que souvent pénibles à
approfondir — pour de certaines organisations — les
engrais ont enfin réussi à éveiller l'esprit de controverse;
plusieurs camps se sont formés, plusieurs théories ont
édifié leurs petites églises, et chacune d'elles a enrôlé,
sous sa bannière, de nombreux partisans.

Les engrais animaux, végétaux et minéraux ont été
examinés avec soin; ils ont été surtout discutés et prô-
nés avec une vivacité qui a quelquefois emporté, un peu
loin, les champions de telle ou telle théorie. — L'un
d'eux, par exemple, partisan déclaré des engrais azotés,
croit nécessaire, pour appuyer son opinion, de déclarer
que si les côtes arides du Pérou sont fertilisées, c'est
grâce à l'intervention du guano, si riche en principes
ammoniacaux. Or, deux faits qu'il nous a été donné d'observer sur ces mêmes côtes du Pérou semblent ne pas
confirmer cette assertion.

L'aridité des sables qui constituent le sol du littoral

du Pérou ne commence que vers le cinquième ou le sixième degré de latitude (sud); c'est-à-dire au point de départ de toute la zone des côtes qui est soumise à une privation complète et perpétuelle des eaux pluviales. — Jamais un nuage ne vient troubler l'inaltérable pureté et les splendeurs du beau ciel de ce climat; dans une certaine saison, il est vrai, quelques rosées nocturnes rafraîchissent un peu le sol altéré, mais le premier rayon du soleil tropical a bientôt desséché les traces de cette timide tentative d'humidification.

Cependant les pluies torrentielles de l'équateur ne cessent pas brusquement à un degré précis de latitude; elles deviennent seulement de plus en plus rares, à mesure que l'on s'éloigne de l'équateur et que l'on se dirige vers le sud. Au sixième degré, par exemple, elles n'apparaissent qu'à des intervalles de six ou sept ans; elles durent un jour, peut-être deux jours, et s'éloignent pour ne revenir que sept ans après; c'est alors que se produit un phénomène de végétation très significatif :

Les *arrieros* (muletiers) qui font les transports depuis la côte jusque dans l'*intérieur* du pays, se munissent, pour se désaltérer pendant la traversée de ces déserts de sables, d'une provision de *sandias* (espèce de melon d'eau) dont ils savourent une tranche de temps en temps. Les nombreux pepins de ces cucurbitacées, sont dispersés par eux tout le long du trajet (50 à 60 kilomètres en moyenne), et sont souvent recouverts, le vent aidant, d'une couche de sable; — on ne voit que du sable, toujours et partout du sable.

L'ondée septennale arrive, elle mouille abondamment le sable et disparaît. A peine le soleil a-t-il reparu, que l'on voit de chaque côté du chemin parcouru par les arrieros, une haie épaisse de « sandias » qui poussent, lancent leurs jets avec une vigueur de végétation inimaginable. Mais cette vitalité excessive n'est qu'éphémère ; le soleil ardent des tropiques pompe, en quelques jours, la source de tant de fertilité ; sables et plantes se dessèchent, et en voilà, encore une fois, pour sept nouvelles années de poussière et de stérilité. Nous ne croyons pas devoir affirmer que les arrieros, en lançant leurs pepins, n'y ajoutaient aucunement du guano : celui-ci aurait, dans tous les cas, fait attendre pendant sept années la récolte, ce qui n'est pas dans ses habitudes.

Sur ces mêmes côtes du Pérou, autour de la charmante ville de Tacna, arrosée par une petite rivière qui vient s'y perdre dans les sables, sont éparpillées de délicieuses *chacras* dans lesquelles les figuiers, la vigne, l'*alfalfa* (luzerne) luttent de vigueur végétative ; et pourtant, pas une once de guano ne vient coopérer à cette véritable exaltation que manifeste le sol (qui n'est autre chose que du sable) dans cette luxuriante végétation. Mais alors, où se trouvent donc, quels sont-ils, les agents de cette incroyable fertilité ?

Passons en Afrique. — Le Sahara étend autour de nous ses horizons infinis ; le sable brûle nos yeux et nos pieds ; il pénètre jusque dans notre gorge, sans doute pour s'y désaltérer ; le soleil torréfie la terre ; nous sommes dans le pays de la soif. — Un ingénieur paraît, il n'a pas de guano, aucune espèce d'engrais azotés dans ses poches ; une sonde de fer compose tout son bagage : d'un coup de cette sonde, il perce le sol, l'eau jaillit. — Et voilà qu'aussitôt les palmiers, les herbes couvrent à l'envi ce sol désolé ; l'oasis remplace le désert.

L'eau et la chaleur seraient donc, réellement, les élé-

ments de cette fiévreuse végétation ; mais elles ne le seraient que par leur action simultanée, solidaire. La chaleur, sans eau, ne peut produire que la stérilité des sables
péruviens et africains ; avec l'eau, elle fait surgir les
forêts vierges de l'Amérique et les oasis du désert. Faut-
il donc supposer que, sous leur action simultanée, les
végétaux acquièrent des aptitudes d'assimilation qui
leur permettent de puiser, dans l'atmosphère, l'azote
que la main de l'homme leur refuse sous forme d'engrais ? Faut-il supposer, d'un autre côté, que l'insuffisance de chaleur paralyse, chez les végétaux, les organes
assimilateurs de l'azote atmosphérique, que nous autres,
gens du Nord, devons remplacer alors par l'application
d'une nutrition tonique artificielle ? Les richesses ammoniacales du guano des Péruviens viendraient donc substituer, sous notre ciel gris et froid, les rayons excitateurs
de leur beau soleil tropical. Les Péruviens sont gens
d'esprit et bons cultivateurs ; si leur guano leur était
indispensable, ils ne nous le vendraient pas.

Un sable argileux sous les pieds, un ciel chaud et humide sur la tête, tel a été le milieu dans lequel ont vécu
et prospéré, en Angleterre, les grandes fougères, les
lycopodes et toute cette végétation exorbitante de l'é-
poque antédiluvienne ; de guanos et d'engrais azotés, il
ne pouvait être question alors.

Ceci démontre que nous sommes enclins, lorsque nous
discutons, à chercher, là où elles n'existent pas, des
preuves superflues de l'excellence d'une idée que nous
avons épousée ; cela prouve aussi qu'il est bon de se dé-
fier un peu des théories exclusives.

Le plus intéressé de tous, dans cette grosse affaire des
engrais », c'est sans contredit le « paysan » qui assiste,

inquiet, perplexe, à ces discussions qui restent de l'hébreu pour lui. Celui-ci affirme que ses terres ne sauraient se passer de telle espèce d'engrais; celui-là lui promet des récoltes fabuleuses s'il fait tout le contraire; cet autre ne voit de salut que dans l'adoption de son système, — chacun possède une panacée. Et Jacques Bonhomme ne sait que faire, il ne sait lequel croire.

A la suite de ces chimistes de bonne foi, arrive l'inévitable marchand qui n'a qu'un objectif : la vente de son produit. Il est évident que ce marchand n'avouera jamais — s'il le sait — que l'engrais qu'il a fabriqué et qu'il doit nécessairement vendre, ne saurait convenir à telle espèce de terrain; la crainte de son inefficacité n'arrive qu'en seconde ligne dans sa pensée; sa principale appréhension est de manquer l'occasion de vendre. Il a de l'éloquence : Jacques Bonhomme est fortement ébranlé.

Apparaît alors le falsificateur, qui peut vendre à meilleur marché, et qui vend; car ce « bon marché » qui lui est offert, met un terme aux dernières indécisions du paysan.

Le malheureux verse, dans les mains d'un escroc, le bon, le si respectable argent amassé péniblement, sou par sou, pendant un an, deux ans, peut-être trois ans de labeurs acharnés; — il reçoit, en échange, une matière inerte, qui ne produit rien, attendu qu'elle ne saurait rien produire. Et alors, au bandeau de l'ignorance qui couvrait ses yeux, viennent s'ajouter les ténèbres épaissies, dans son cerveau, par la défiance et une incrédulité invincible. Les « savants, » ces fameux savants, dit-il, lui ont fait perdre, lui ont volé son argent, son cher argent ! et Jacques Bonhomme retourne, plein de rancune pour la science, à la routine de ses pères; il s'y immobilise pour toujours.

Ce que nous avons dit des conséquences déplorables de l'ignorantisme professionnel chez les ouvriers en général ne s'applique-t-il pas surtout aux paysans, à ces producteurs du « pain », à ces travailleurs, les plus nombreux de tous, qui tiennent dans leurs mains, la plus importante des questions sociales : l'*alimentation*?

Il est temps de prendre congé de notre chimiste et du lecteur; et nous nous apercevons que, dans le dénombrement hâtif des « Merveilles » accomplies par la chimie, nous n'avons pas dit un mot des acides acétique, oxalique, de la métallurgie, du cuivre, du plomb, de l'argent, etc.; — du chlore et du blanchiment; et de tant d'autres merveilles!

L'espace nous manque également, pour jeter un coup d'œil dans les premiers sentiers que le chimiste a tracés à travers la synthèse, cette forêt vierge qui recèle, très probablement, une partie du bien-être matériel futur que peut espérer le genre humain.

La chimie synthétique possède des forces encore inconnues, qui ne lui permettront certainement jamais de créer le monstrueux *homunculus* rêvé par Paracelse ; mais il est admissible qu'elle parviendra à reproduire, d'abord péniblement, et plus tard à produire facilement et abondamment, la plupart des substances nécessaires à la conservation de la vie; — qu'elle parviendra à supprimer les deux principales causes de la misère humaine : le Froid et la Faim.

Le *froid*, en découvrant un substitutif de la houille, ce combustible qui doit un jour s'épuiser ; — en découvrant par exemple (et peut-être encore dans l'électricité), un nouvel agent de décomposition de *l'eau*, plus simple et moins coûteux que la pile ; et en mettant ainsi, à la disposition de chacun, la source inépuisable, *indestructible*, de la formidable chaleur que peut produire la combustion de son hydrogène et de son oxygène ;

La *faim*, en puisant dans des substances inutilisables aujourd'hui, au point de vue de l'alimentation, les éléments nutritifs qui s'y trouvent emprisonnés, dénaturés ; — en fournissant au sol de nouveaux et puissants agents fertilisateurs qui doubleront sa production.

(Décembre 1871.)

TABLE DES GRAVURES

TABLE DES MATIÈRES

I

LA SCIENCE

CHAPITRE I

L'ALCHIMISTE

CHAPITRE II

L'ALCHIMIE

CHAPITRE III

LA CHIMIE

II

LA SIDÉRURGIE

CHAPITRE I

LE FER ET LA FONTE

CHAPITRE II

L'ACIER

III

LE VERRE

IV

LA GRANDE INDUSTRIE CHIMIQUE

CHAPITRE I

LA SOUDE ARTIFICIELLE

CHAPITRE II

ACIDE SULFURIQUE. — SULFATE DE SOUDE. — ACIDE CHLORHYDRIQUE

CHAPITRE III

L'ACIDE NITRIQUE

V

LA LUMIÈRE ARTIFICIELLE

CHAPITRE I

LE GAZ ET SES SOUS-PRODUITS

19 224. — Imprimerie A. Lahure, rue de Fleurus, 9, à Paris

CONDITIONS DE VENTE ET D'ABONNEMENT

Le **JOURNAL DE LA JEUNESSE** paraît le samedi de chaque semaine. Le prix du numéro, comprenant 16 pages grand in-8, est de **40** centimes.

Les 52 numéros publiés dans une année forment deux volumes.

Prix de chaque volume : broché, **10** francs ; cartonné en percaline rouge, tranches dorées, **13** francs.

PRIX DE L'ABONNEMENT
POUR PARIS ET LES DÉPARTEMENTS

Un an (2 volumes) . . . . **20** FRANCS
Six mois (1 volume) . . . . **10** —

Prix de l'abonnement pour les pays étrangers qui font partie de l'Union générale des postes : Un an, **22** francs ; six mois, **11** francs.

Les abonnements se prennent à partir du 1er décembre et du 1er juin de chaque année.

MON JOURNAL

NOUVEAU RECUEIL HEBDOMADAIRE

Illustré de nombreuses gravures en couleurs et en noir

A L'USAGE DES ENFANTS DE HUIT A DOUZE ANS

QUINZIÈME ANNÉE

(1895-1896)

DEUXIÈME SÉRIE

MON JOURNAL, à partir du 1ᵉʳ Octobre 1892, est devenu hebdomadaire, de mensuel qu'il était, et convient à des enfants de 8 à 12 ans.

Il paraît un numéro le samedi de chaque semaine. — Prix du numéro, 15 centimes.

ABONNEMENTS :

FRANCE		UNION POSTALE	
Six mois...............	4 fr. 50	Six mois...............	5 fr. 50
Un an................	8 fr. »	Un an................	10 fr. »

Prix de chaque année de la deuxième série :
Brochée, 8 fr. — Cartonnée, 10 fr.

Prix des années IX, X et XI (1ʳᵉ série) : chacune, brochée, 2 fr.; cartonnée en percaline gaufrée, avec fers spéciaux à froid, 2 fr. 50. (Les années I à VIII sont épuisées.)

NOUVELLE COLLECTION ILLUSTRÉE

POUR LA JEUNESSE ET L'ENFANCE
1re SÉRIE, FORMAT IN-8 JÉSUS

Prix du volume : broché, 7 fr. ; cartonné, tranches dorées, 10 fr.

About (Ed.) : *Le roman d'un brave homme*. 1 vol. illustré de 52 compositions par Adrien Marie.

— *L'homme à l'oreille cassée*. 1 vol. ill. de 61 comp. par Eug. Courboin.

Cahun (L.) : *Les aventures du capitaine Magon*. 1 vol. illustré de 72 gravures d'après Philippoteaux.

Dillaye (Fr.) : *Les jeux de la jeunesse*. 1 vol. illustré de 203 grav.

Dronsart (Mme M.) : *Les grandes voyageuses*. 1 vol. ill. de 75 grav.

Du Camp (Maxime) : *La vertu en France*. 1 vol. ill. de 45 grav. d'après Duez, Myrbach, Tofani et E. Zier.

— *Bons cœurs et braves gens*. 1 vol. illustré de 50 grav. d'après Myrbach et Tofani.

Fleuriot (Mlle Z.) : *Cœur muet*. 1 vol. ill. de 57 grav. d'après Adrien Marie.

— *Papillonne*. 1 volume illustré de 50 gravures d'après E. Zier.

Guillemin (Amédée) : *La lumière*. 1 vol. contenant 13 planches en couleurs, 14 planches en noir et 353 figures dans le texte.

— *La Chaleur*. 1 vol. contenant 1 pl. en couleurs, 8 planches en noir et 324 gravures dans le texte.

— *La Météorologie et la Physique moléculaire*. 1 vol. contenant 9 planches en couleurs, 20 planches en noir et 343 gravures dans le texte.

La Ville de Mirmont (H. de) : *Contes mythologiques*. 1 vol. illustré de 41 gravures.

Maël (Pierre) : *Une Française au Pôle Nord*. 1 vol. illustré de 52 grav. d'après Paris.

— *Terre de Fauves*. 1 volume illustré de 52 gravures, d'après les dessins d'Alfred Paris.

— *Robinson et Robinsonne*. 1 vol. illustré de 50 gravures, d'après A. Paris.

Manzoni : *Les fiancés*. Édition abrégée par Mme J. Colomb. 1 vol. illustré de 40 gravures d'après J. Le Blant.

Mouton (Eug.) : *Voyages et Aventures du Capitaine Marius Cougourdan*. 1 vol. ill. de 66 grav. d'après E. Zier.

— *Aventures et mésaventures de Joël Kerbabu*. 1 vol. illustré de 55 gravures d'après A. Paris.

— *Voyages merveilleux de Lazare Poban*. 1 vol. illustré de 51 grav. d'après Zier.

Rousselet (Louis) : *Nos grandes écoles militaires et civiles*. 1 vol. ill. de 169 grav. d'après A. Lemaistre, Fr. Régamey et P. Renouard.

— *Nos grandes écoles d'application*. 1 vol. illustré de 95 grav. d'après Busson, Calmettes, Lemaistre et P. Renouard.

Toudouze (Gustave) : *Enfant perdu* (1814). 1 volume illustré de 49 gravures d'après J. Le Blant.

Witt (Mme de), née Guizot : *Les femmes dans l'histoire*. 1 vol. illustré de 80 gravures.

— *La charité en France à travers les siècles*. 1 vol. ill. de 81 gravures.

— *Père et fils*. 1 volume illustré de 40 gravures d'après Vogel.

2e SÉRIE, FORMAT IN-8 RAISIN

Prix du volume : broché, 4 fr. ; cartonné, tranches dorées, 6 fr.

Arthez (Danielle d') : *Les tribulations de Nicolas Mender*. 1 vol. ill. de 83 grav. d'après Tofani.

Assollant (A.) : *Pendragon*. 1 vol. avec 42 gravures d'après C. Gilbert.

Champol (F.) : *Anaïs Evrard*. 1 volume illustré de 22 gravures d'après Tofani et Bergevin.

Chéron de la Bruyère (Mme) : *La tante Derbier*. 1 vol. illustré de 50 gravures d'après Myrbach.

— *Princesse Rosalba*. 1 vol. illustré de 60 gravures d'après Tofani.

Colomb (Mme) : *Le violoneux de la sapinière*. 1 vol. avec 85 gravures d'après A. Marie.

— *La fille de Carilès*. 1 vol. avec 96 grav. d'après A. Marie.
    Ouvrage couronné par l'Académie française.

— *Deux mères*. 1 vol. avec 133 grav. d'après A. Marie.

— *Le bonheur de Françoise*. 1 vol. avec 112 grav. d'après A. Marie.

— *Chloris et Jeanneton*. 1 vol. avec 105 gravures d'après Sahib.

— *L'héritière de Vauclain*. 1 vol. avec 104 grav. d'après C. Delort.

— *Franchise*. 1 vol. avec 113 gravures d'après C. Delort.

— *Feu de paille*. 1 vol. avec 98 grav. d'après Tofani.

— *Les étapes de Madeleine*. 1 vol. avec 105 grav. d'après Tofani.

— *Denis le tyran*. 1 vol. avec 115 grav. d'après Tofani.

— *Pour la muse*. 1 vol. avec 105 grav. d'après Tofani.

— *Pour la patrie*. 1 vol. avec 112 grav. d'après E. Zier.

— *Hervé Plémeur*. 1 vol. avec 112 grav. d'après E. Zier.

— *Jean l'innocent*. 1 vol. illustré de 112 gravures d'après Zier.

— *Danielle*. 1 vol. illustré de 112 grav. d'après Tofani.

— *La Fille des Bohémiens*. 1 vol. illustré de 112 grav. d'après S. Reichan.

— *Les conquêtes d'Hermine*. 1 vol. ill. de 112 grav. d'après Th. Vogel.

— *Hélène Corianis*. 1 vol. illustré de 80 gravures d'après A. Moreau.

Cortambert et Deslys : *Le pays du soleil*. 1 vol. avec 35 gravures.

Daudet (E.) : *Robert Darnetal*. 1 vol. avec 81 grav. d'après Sahib.

Demage (G.) : *A travers le Sahara*. 1 vol. illustré de 84 grav. d'après Mme Crampel.

Demoulin (Mme G.) : *Les animaux étranges*. 1 vol. avec 172 gravures.

Deslys (Ch.) : *Nos Alpes*, avec 39 gravures d'après J. David.

— *La mère aux chats*. 1 vol. avec 50 gravures d'après H. David.

Énault (L.) : *Le chien du capitaine*. 1 vol. avec 43 gr. d'après E. Riou.

Fleuriot (Mlle Z.) : *M. Nostradamus*. 1 vol. avec 36 gr. d'après A. Marie.

— *La petite duchesse*. 1 vol. avec 73 gravures d'après A. Marie.

— *Grand cœur*. 1 vol. avec 45 gravures d'après C. Delort.

— *Raoul Daubry, chef de famille*. 1 vol. avec 32 gr. d'après C. Delort.

— *Mandarine*. 1 vol. avec 95 gravures d'après C. Gilbert.

— *Cadok*. 1 vol. avec 24 gravures d'après C. Gilbert.

— *Câline*. 1 vol. avec 102 grav. d'après G. Fraipont.

— *Feu et flamme*. 1 vol. avec 80 gravures d'après Tofani.

— *Le clan des têtes chaudes*. 1 vol. illustré de 65 gr. d'après Myrbach.

— *Au Galadoc*. 1 vol. illustré de 60 gravures d'après Zier.

— *Les premières pages*. 1 vol. avec 75 gravures d'après Adrien Marie.

— *Rayon de soleil*. 1 vol. illustré de 10 gravures d'après Méncina Kresz.

Girardin (J.) : *Les braves gens*. 1 vol. avec 115 gr. d'après E. Bayard.
    Ouvrage couronné par l'Académie française.

— *Nous autres*. 1 vol. avec 182 gravures d'après E. Bayard.

— *La toute petite*. 1 vol. avec 128 gravures d'après E. Bayard.

— *L'oncle Placide*. 1 vol. avec 139 gravures d'après A. Marie.

— *Le neveu de l'oncle Placide*. 3 vol. illustrés de 367 gravures d'après A. Marie, qui se vendent séparément.

— *Grand-père*. 1 vol. avec 91 gravures d'après C. Delort.
    Ouvrage couronné par l'Académie française.

Girardin (J.) (suite) : *Maman*. 1 vol.
avec 112 gravures d'après Tofani.
— *Le roman d'un cancre*. 1 vol. avec
112 gravures d'après Tofani.
— *Les millions de la tante Zézé*.
1 vol. avec 112 grav. d'après Tofani.
— *La famille Gaudry*. 1 vol. avec
112 gravures d'après Tofani.
— *Histoire d'un Berrichon*. 1 vol. avec
112 gravures d'après Tofani.
— *Le capitaine Bassinoire*. 1 vol.
illustré de 119 gravures d'après Tofani.
— *Second violon*. 1 vol. illustré de
112 gravures d'après Tofani.
— *Le fils Valansé*. 1 vol. avec 112
gravures d'après Tofani.
— *Le commis de M. Bouvat*. 1 vol.
illustré de 119 gr. d'après Tofani.

Giron (Aimé) : *Les trois rois mages*.
1 vol. illustré de 60 gravures d'après
Fraipont et Pranishnikoff.

Gouraud (Mlle J.) : *Cousine Marie*.
1 vol. avec 36 gravures d'après
A. Marie.

Meyer (Henri) : *Les Jumeaux de la
Bouzaraque* . 1 vol. illustré de
71 gravures d'après Tofani.
— *Le serment de Paul Marcorel*.
1 vol. illustré de 51 gravures d'après
Tofani.

Nanteuil (Mme P. de) : *Capitaine*.
1 vol. illustré de 72 gravures d'après
Myrbach.
Ouvrage couronné par l'Académie française.
— *Le général Du Maine*. 1 vol. avec
70 gravures d'après Myrbach.
— *L'épave mystérieuse*. 1 volume illustré de 80 gr. d'après Myrbach.
Ouvrage couronné par l'Académie française.
— *En esclavage*. 1 vol. illustré de
80 gravures d'après Myrbach.
— *Une poursuite*. 1 vol. illustré de
57 gravures d'après Alfred Paris.
— *Le secret de la grève*. 1 vol. ill. de
50 gr. d'après A. Paris.
— *Alexandre Vorzof*. 1 vol. illustré de
80 grav. d'après Myrbach.
— *L'héritier des Vaubert*. 1 vol. illustré de 80 grav. d'après A. Paris.
— *Alain le Baleinier*. 1 vol. illustré
de 80 grav. d'après A. Paris.

Rousselet (L.) : *Le charmeur de serpents*. 1 vol. avec 68 gravures d'après A. Marie.

Rousselet (L.) (suite) : *Le Fils du Connétable*. 1 vol. avec 113 grav. d'après
Pranishnikoff.
— *Les deux mousses*. 1 vol. avec 90 gravures d'après Sahib.
— *Le tambour du Royal-Auvergne*.
1 vol. avec 115 gr. d'après Poirson.
— *La peau du tigre*. 1 vol. avec 102 gr.
d'après Bellecroix et Tofani.

Saintine : *La nature et ses trois règnes*.
1 vol. avec 171 grav. d'après Foulquier et Faguet.
— *La mythologie du Rhin et les contes
de la mère-grand*. 1 vol. avec 160 grav.
d'après G. Doré.

Schultz (Mlle Jeanne) : *Tout droit*.
1 vol. ill. de 112 gr. d'après E. Zier.
— *La famille Hamelin*. 1 vol. ill. de
89 gravures d'après E. Zier.
— *Sauvons Madelon!* 1 vol. illustré de
60 gravures d'après Tofani.

Stany (Le Ct) : *Les trésors de la Fable*.
1 vol. illustré de 80 gravures d'après
E. Zier.
— *Mabel*. 1 vol. illustré de 60 gravures
d'après E. Zier.

Tissot et Améro : *Aventures de trois
fugitifs en Sibérie*. 1 vol. avec 72 gr.
d'après Pranishnikoff.

Witt (Mme de), née Guizot : *Scènes historiques*. 1re série. 1 vol. avec 18 gr.
d'après E. Bayard.
— *Scènes historiques*. 2e série. 1 vol.
avec 28 gravures d'après A. Marie.
— *Normands et Normandes*. 1 vol.
avec 70 gravures d'après E. Zier.
— *Un jardin suspendu*. 1 vol. avec
30 gravures d'après C. Gilbert.
— *Notre-Dame Guesclin*. 1 vol. avec
70 gravures d'après E. Zier.
— *Une sœur*. 1 vol. avec 65 gravures
d'après E. Bayard.
— *Légendes et récits pour la jeunesse*.
1 vol. avec 18 gravures d'après Philippoteaux.
— *Un nid*. 1 vol. avec 63 gravures
d'après Ferdinandus.
— *Un patriote au XIVe siècle*. 1 vol.
illustré de gravures d'après E. Zier.
— *Alsaciens et Alsaciennes*. 1 vol.
illustré de 60 grav. d'après A. Moreau et E. Zier.

BIBLIOTHÈQUE DES PETITS ENFANTS
DE 4 A 8 ANS
FORMAT GRAND IN-16
CHAQUE VOLUME, BROCHÉ, 2 FR. 25
CARTONNÉ EN PERCALINE BLEUE, TRANCHES DORÉES, 3 FR. 50

Ces volumes sont imprimés en gros caractères

Chéron de la Bruyère (Mme) : *Contes à Pépée*. 1 vol. avec 24 gravures d'après Grivaz.
— *Plaisirs et aventures*. 1 vol. avec 30 gravures d'après Jeanniot.
— *La perruque du grand-père*. 1 vol. illustré de 30 gr. d'après Tofani.
— *Les enfants de Boisfleuri*. 1 vol. ill. de 30 grav. d'après Semechini.
— *Les vacances à Trouville*. 1 vol. avec 40 gravures d'après Tofani.
— *Le château du Roc-Salé*. 1 vol. illustré de 30 gr. d'après Tofani.
— *Les enfants du capitaine*. 1 vol. ill. de 30 grav. d'après Geoffroy.
— *Autour d'un bateau*. 1 vol. illustré de 36 gravures d'après E. Zier.
Desgranges : *Le chemin du collège*. 1 vol. ill. de 30 grav. d'après Tofani.
— *La famille Le Jarriel*. 1 vol. illustré de 36 gr. d'après Geoffroy.
Duporteau (Mme) : *Petits récits*. 1 vol. avec 28 gr. d'après Tofani.
Erwin (Mme E. d') : *Un été à la campagne*. 1 vol. avec 39 grav.
Favre : *L'épreuve de Georges*. 1 vol. avec 44 gravures d'après Geoffroy.
Franck (Mme E.) : *Causeries d'une grand'mère*. 1 vol. avec 72 grav.
Fresneau (Mme), née de Ségur : *Une année du petit Joseph*. Imité de l'anglais. 1 vol. avec 67 gravures d'après Jeanniot.
Girardin (J.) : *Quand j'étais petit garçon*. 1 vol. avec 52 gravures.
— *Dans notre classe*. 1 vol. avec 26 gravures d'après Jeanniot.
— *Un drôle de petit bonhomme*. 1 vol. illustré de 36 grav. d'après Geoffroy.
Le Roy (Mme F.) : *L'aventure du petit Paul*. 1 vol. illustré de 45 gravures, d'après Ferdinandus.
— *Les étourderies de Mlle Lucie*. 1 vol. ill. de 30 gr. d'après Robaudi.
— *Pipo*. 1 vol. illustré de 36 gravures d'après Mencina Kresz.

Malassez (Mme) : *Sable-Plage*. 1 vol. ill. de 52 grav. d'après Zier.
Molesworth (Mrs) : *Les aventures de M. Baby*, traduit de l'anglais. 1 vol. avec 12 gravures.
Pape-Carpantier (Mme) : *Nouvelles histoires et leçons de choses*. 1 vol. avec 42 gravures d'après Semechini.
Surville (André) : *Les amis de Berthe*. 1 vol. avec 30 gravures d'après Ferdinandus.
— *La petite Givonnette*. 1 vol. illustré de 34 gravures d'après Grigny.
— *Fleur des champs*. 1 vol. illustré de 32 gravures d'après Zier.
— *La vieille maison du grand-père*. 1 vol. avec 34 gravures d'après Zier.
— *La fête de Saint-Maurice*. 1 vol. illustré de 34 grav. d'après Tofani.
Witt (Mme de), née Guizot : *Histoire de deux petits frères*. 1 vol. avec 45 grav. d'après Tofani.
— *Sur la plage*. 1 vol. avec 55 gravures d'après Ferdinandus.
— *Par monts et par vaux*. 1 vol. avec 54 grav. d'après Ferdinandus.
— *En pleins champs*. 1 vol. avec 45 gravures d'après Gilbert.
— *A la montagne*. 1 vol. illustré de 45 gravures d'après Ferdinandus.
— *Deux tout petits*. 1 vol. illustré de 32 gravures d'après Ferdinandus.
— *Au-dessus du lac*. 1 vol. avec 44 gr.
— *Les enfants de la tour du Roc*. 1 vol. ill. de 56 gr. d'après E. Zier.
— *La petite maison dans la forêt*. 1 vol. illustré de 36 grav. d'après Robaudi.
— *Histoires de bêtes*. 1 vol. illustré de 34 gravures d'après Bouisset.
— *Au creux du rocher*. 1 vol. ill. de 48 grav. d'après Robaudi.

BIBLIOTHÈQUE ROSE ILLUSTRÉE

FORMAT IN-16, A 2 FR. 25 C. LE VOLUME

La reliure en percaline rouge, tranches dorées, se paye en sus 1 fr. 25

1ʳᵈ SÉRIE. — POUR LES ENFANTS DE 4 A 8 ANS

Anonyme : *Chien et Chat ;* 5ᵉ édition, traduit de l'anglais par Mme A. Dibarrart. 1 vol. avec 45 gravures d'après E. Bayard.

— *Douze histoires pour les enfants de quatre à huit ans,* par une mère de famille ; 3ᵉ édit. 1 vol. avec 18 grav. d'après Bertall.

— *Les enfants d'aujourd'hui,* par la même ; 3ᵃ édit. 1 vol. avec 40 grav. d'après Bertall.

Carraud (Mme) : *Historiettes véritables,* pour les enfants de quatre à huit ans ; 6ᵉ édition. 1 vol. avec 94 grav. d'après Fath.

Fath (G.) : *La sagesse des enfants,* proverbes ; 4ᵉ édit. 1 vol. avec 100 grav. d'après l'auteur.

Laroque (Mme) : *Grands et petits ;* 1 vol. avec 61 gravures d'après Bertall.

Marcel (Mme J.) : *Histoire d'un cheval de bois ;* 4ᵉ édit. 1 vol. imprimé en gros caractères, avec 20 gravures d'après E. Bayard.

Pape-Carpantier (Mme) : *Histoires et leçons de choses pour les enfants ;* 12ᵉ édit. 1 vol. avec 85 gravures d'après Bertall.

Ouvrage couronné par l'Académie française.

Perrault, Mmes d'Aulnoy et Leprince de Beaumont : *Contes de fées.* 1 volume avec 65 gravures d'après Bertall, Forest, etc.

Porchat (L.) : *Contes merveilleux ;* 5ᵉ édit. 1 vol. avec 21 gravures d'après Bertall.

Schmid (Le chanoine) : 190 *contes pour les enfants,* trad. de l'allemand par A. Van Hasselt ; 7ᵉ édit. 1 vol. avec 29 grav. d'après Bertall.

Ségur (Mme de) : *Nouveaux contes de fées ;* nouvelle édition. 1 vol. avec 46 gravures d'après G. Doré et J. Didier.

2ᵉ SÉRIE. — POUR LES ENFANTS DE 8 A 14 ANS

Alcott (Miss) : *Sous les lilas,* traduit de l'anglais par Mme Lepage ; 2ᵉ édition. 1 volume avec 23 gravures.

Andersen : *Contes choisis,* trad. du danois par Soldi ; 9ᵉ édition. 1 vol. avec 40 gravures d'après Bertall.

Anonyme : *Les fêtes d'enfants*, scènes et dialogues ; 5ᵉ édition. 1 vol. avec 41 gravures d'après Foulquier.

Assollant (A.) : *Les aventures merveilleuses mais authentiques du capitaine Corcoran* ; 8ᵉ édit. 2 vol. avec 50 grav. d'après A. de Neuville.

Barrau (Th.) : *Amour filial* ; 5ᵉ édition. 1 vol. avec 41 gravures d'après Ferogio.

Bawr (Mme de) : *Nouveaux contes* ; 6ᵉ édition. 1 vol. avec 40 gravures d'après Bertall.
Ouvrage couronné par l'Académie française.

Belèze : *Jeux des adolescents* ; 6ᵉ édition. 1 vol. avec 140 gravures.

Berquin : *Choix de petits drames et de contes* ; 2ᵉ édition. 1 vol. avec 36 gravures d'après Foulquier, etc.

Berthet (E.) : *L'enfant des bois* ; 8ᵉ édition. 1 vol. avec 61 gravures.

— *La petite Chailloux*. 1 vol. avec 44 gravures d'après Bayard et J. Fraipont.

Blanchere (De la) : *Les aventures de La Ramée et de ses trois compagnons* ; 4ᵉ édit. 1 vol. avec 36 gravures d'après E. Forest.

— *Oncle Tobie le pêcheur* ; 3ᵉ édit. 1 vol. avec 80 gravures d'après Foulquier et Mesnel.

Boiteau (P.) : *Légendes recueillies ou composées pour les enfants* ; 3ᵉ édition. 1 vol. avec 42 gravures d'après Bertall.

Carpentier (Mlle) : *La maison du bon Dieu* ; 2ᵉ édit. 1 vol. avec 58 gravures d'après Riou.

— *Sauvons-le!* 2ᵉ édition. 1 vol. avec 40 gravures d'après Riou.

— *Le secret du docteur*, ou la Maison fermée ; 2ᵉ édition. 1 vol. avec 43 gravures d'après Girardet.

— *La tour du Preux*. 1 vol. avec 60 gravures d'après Tofani.

— *Pierre le Tors*. 1 vol. avec 56 gravures d'après E. Zier.

— *La dame bleue*. 1 vol. avec 49 gravures d'après E. Zier.

Carraud (Mme) : *La petite Jeanne* ; 10ᵉ édit. 1 vol. avec 21 gravures d'après Forest.
Ouvrage couronné par l'Académie française.

— *Les métamorphoses d'une goutte d'eau*. 5ᵉ édition. 1 vol. avec 50 gravures d'après E. Bayard.

Castillon (A.) : *Récréations physiques* ; 8ᵉ édition. 1 vol. avec 36 grav. d'après Castelli.

— *Récréations chimiques* ; 5ᵉ édit. 1 vol. avec 34 grav. d'après H. Castelli.

Cazin (Mme) : *Les petits montagnards* ; 2ᵉ édition. 1 vol. avec 51 grav. d'après G. Vuillier.

— *Un drame dans la montagne* ; 2ᵉ édit. 1 vol. avec 33 gravures d'après G. Vuillier.

— *Histoire d'un pauvre petit*. 1 vol. avec 60 gravures d'après Tofani.

— *L'enfant des Alpes* ; 2ᵉ édition. 1 vol. avec 33 gravures d'après Tofani.
Ouvrage couronné par l'Académie française.

— *Perlette*. 1 vol. avec 54 gravures d'après Myrbach.

— *Les saltimbanques*. scènes de la montagne. 1 vol. avec 65 gravures d'après Girardet.

— *Le petit chevrier*. 1 vol. avec 39 gravures d'après Vuillier.

— *Jean le Savoyard*. 1 vol. avec 51 grav. d'après Slom.

— *Les orphelins bernois*. 1 vol. avec 58 gravures d'après E. Girardet.

Chabreul (Mme de) : *Jeux et exercices des jeunes filles* ; 6ᵉ édition. 1 vol. avec la musique des rondes et 55 gravures d'après Fath.

Chéron de la Bruyère (Mme) : *Giboulée*. 1 vol. illustré de 24 gravures d'après Zier.

— *La tour grise*. 1 vol. ill. de 25 grav. d'après Zier.

Cim (Albert) : *Mes amis et moi*. 1 vol. avec 16 grav. d'après Ferdinandus et Slom.

— *Entre camarades*. 1 vol. illustré de 20 gravures d'après Ferdinandus.

Colet (Mme L.) : *Enfances célèbres* ; 12ᵉ édit. 1 vol. avec 57 gravures d'après Foulquier.

Colomb (Mme J.) : *Souffre-Douleur.* 1 vol. avec 49 gravures d'après Mlle Lancelot.

Contes anglais, traduits par Mme de Witt. 1 vol. avec 43 gravures d'après E. Morin.

Deschamps (F.) : *Mon amie Georgette.* 1 vol. illustré de 43 gravures d'après Robaudi.

— *Mon ami Jean.* 1 vol. illustré de 40 gravures d'après Robaudi.

— *L'intrépide Marcel.* 1 vol. illustré de 40 gravures d'après Robaudi.

Deslys (Ch.) : *Grand'maman.* 1 vol. avec 29 gravures d'après Ed. Zier.

Edgeworth (Miss) : *Contes de l'adolescence.* 1 vol. avec 42 gravures d'après Morin.

— *Contes de l'enfance.* 1 vol. avec 27 gravures d'après Foulquier.

— *Demain,* suivi de *Mourad le malheureux.* 1 vol. avec 55 gravures d'après Bertall.

Fath (G.) : *Bernard, la gloire de son village.* 1 vol. avec 56 gravures d'après l'auteur.

Ouvrage couronné par l'Académie française.

Fleuriot (Mlle Z.) : *Le petit chef de famille;* 9ᵉ édit. 1 vol. avec 57 grav. d'après Castelli.

— *Plus tard,* ou le Jeune Chef de famille; 6ᵉ édit. 1 vol. avec 60 grav. d'après E. Bayard.

— *Un enfant gâté;* 5ᵉ édition. 1 vol. avec 48 gravures d'après Ferdinandus.

— *Tranquille et Tourbillon;* 3ᵉ édition. 1 vol. avec 45 gravures d'après C. Delort.

— *Cadette;* 3ᵉ édit. 1 vol. avec 25 grav. d'après Tofani.

— *En congé;* 6ᵉ édit. 1 vol. avec 61 gravures d'après A. Marie.

— *Bigarrette;* 6ᵉ édit. 1 vol. avec 55 gravures d'après A. Marie.

— *Bouche-en-Cœur;* 3ᵉ édition. 1 vol. avec 45 gravures d'après Tofani.

— *Gildas l'Intraitable;* 2ᵉ édit. 1 vol. avec 56 gravures d'après E. Zier.

— *Parisiens et montagnards.* 1 vol. avec 49 gravures d'après E. Zier.

Foe (De) : *La vie et les aventures de Robinson Crusoé,* édit. abrégée. 1 vol. avec 40 grav.

Fonvielle (W. de) : *Néridah.* 2 vol. avec 40 gravures d'après Sahib.

Fresneau (Mme), née Ségur : *Comme les grands!* 1 vol. avec 46 grav. d'après Ed. Zier.

— *Thérèse à Saint-Domingue.* 1 vol. avec 49 gravures d'après Tofani.

— *Les protégés d'Isabelle.* 1 vol. avec 50 grav.

— *Deux abandonnées.* 1 vol. illustré de 42 gravures d'après M. Orange.

Froment : *Petit-Prince.* 1 vol. illustré de 5 gravures d'après Vogel.

Genlis (Mme de) : *Contes moraux.* 1 vol. avec 40 gravures d'après Foulquier, etc.

Gérard (A.) : *Petite Rose.* — *Grande Jeanne.* 1 vol. avec 28 gravures d'après C. Gilbert.

Girardin (J.) : *La disparition du grand Krause;* 2ᵉ édition. 1 vol. avec 70 gravures d'après Kauffmann.

Giron (Aimé) : *Ces pauvres petits!* 2ᵉ édition. 1 vol. avec 22 grav. d'après B. de Monvel, etc.

— *Contes à nos petits rois.* 1 vol. avec 23 grav. d'après Blanchard, Vogel et Zier.

Gouraud (Mlle J.) : *Les enfants de la ferme;* 5ᵉ édit. 1 vol. avec 59 grav. d'après E. Bayard.

— *Le livre de maman;* 4ᵉ édition. 1 vol. avec 68 gravures d'après E. Bayard.

— *Cécile,* ou la Petite Sœur; 7ᵉ édition. 1 vol. avec 26 gravures d'après Desandré.

— *Lettres de deux poupées;* 6ᵉ édition. 1 vol. avec 59 grav. d'après Olivier.

— *Le petit colporteur;* 6ᵉ édition. 1 vol. avec 27 gravures d'après A. de Neuville.

— *Les mémoires d'un petit garçon;* 9ᵉ édit. 1 vol. avec 86 gravures d'après E. Bayard.

— *Les mémoires d'un caniche;* 9ᵉ édition. 1 vol. avec 75 gravures d'après E. Bayard.

— *L'enfant du guide;* 6ᵉ édition. 1 vol. avec 60 gravures d'après E. Bayard.

— *Petite et grande;* 4ᵉ édition. 1 vol. avec 48 gravures d'après E. Bayard.

Couraud (Mlle J.) (suite) : *Les quatre pièces d'or;* 5ᵉ édition. 1 vol. avec 51 gravures d'après E. Bayard.

— *Les deux enfants de Saint-Domingue;* 4ᵒ édit. 1 vol. avec 54 grav. d'après E. Bayard.

— *La petite maîtresse de maison;* 5ᵉ édit. 1 vol. avec 37 gravures d'après A. Marie.

— *Les filles du professeur;* 3ᵉ édit. 1 vol. avec 36 gravures d'après Kauffmann.

— *La famille Harel;* 2ᵉ édit. 1 vol. avec 48 gravures d'après Valnay et Ferdinandus.

— *Aller et retour;* 2ᵒ édition. 1 vol. avec 40 gravures d'après Ferdinandus.

— *Les petits voisins;* 2ᵒ édition. 1 vol. avec 39 gravures d'après C. Gilbert.

— *Le petit bonhomme.* 1 vol. avec 45 gravures d'après Ferdinandus.

— *Pierrot.* 1 vol. avec 31 grav. d'après Zier.

— *Minette.* 1 vol. avec 52 grav. d'après Tofani.

— *Quand je serai grande.* 1 vol. avec 36 gravures d'après Ferdinandus.

Grimm (Les frères) : *Contes choisis,* trad. de l'allemand. 1 vol. avec 40 grav. d'après Bertall.

Hauff : *La caravane,* trad. de l'allemand, 5ᵒ édition. 1 vol. avec 40 grav. d'après Bertall.

— *L'auberge du Spessart,* 5ᵒ édition 1 vol. avec 61 grav. d'après Bertall.

Hawthorne : *Le livre des merveilles,* trad de l'anglais; 3ᵒ édit. 2 vol. avec 40 grav. d'après Bertall.

Johnson : *Dans l'extrême Far West,* traduit de l'anglais par A. Talandier; 2ᵒ édition. 1 vol. avec 20 gravures d'après A. Marie.

Marcel (Mme J.) : *L'école buissonnière;* 4ᵉ édit. 1 vol. avec 20 gravures d'après A. Marie.

— *Le bon frère;* 4ᵒ édition. 1 vol. avec 21 gravures d'après E. Bayard.

— *Les petits vagabonds;* 4ᵒ édition. 1 vol. avec 25 gravures d'après E. Bayard.

— *Histoire d'une grand'mère et de son petit-fils.* 1 vol. avec 36 gravures d'après Delort.

Marcel (Mme J.) (suite) : *Daniel;* 2ᵒ édition. 1 vol. avec 45 gravures d'après Gilbert.

— *Le frère et la sœur.* 1 vol. avec 45 gravures d'après E. Zier.

— *Un bon gros pataud.* 1 vol. avec 46 gravures d'après Jeanniot.

— *Un bon oncle.* 1 vol. avec 56 grav. d'après F. Régamey.

Maréchal (Mlle) : *La dette de Ben Aïssa;* 4ᵒ édit. 1 vol. avec 20 grav. d'après Bertall.

— *Nos petits camarades;* 2ᵒ édition. 1 vol. avec 18 gravures d'après E. Bayard et H. Castelli.

— *La maison modèle;* 3ᵒ édition. 1 vol. avec 42 gravures d'après Sahib.

Martignat (Mlle de) : *Les vacances d'Elisabeth;* 3ᵒ édit. 1 vol. avec 46 grav. d'après Kauffmann.

— *L'oncle Boni;* 2ᵒ édition. 1 vol. avec 42 gravures d'après Gilbert.

— *Ginette;* 2ᵒ édit. 1 vol. avec 50 gravures d'après Tofani.

— *Le manoir d'Yolan;* 2ᵉ édition. 1 vol. avec 56 gravures d'après Tofani.

— *Le pupille du général.* 1 vol. avec 40 gravures d'après Tofani.

— *L'héritière de Maurivèze.* 1 vol. avec 41 gravures d'après Poirson.

— *Une vaillante enfant;* 2ᵒ édit. 1 vol. avec 43 gravures d'après Tofani.

— *Une petite nièce d'Amérique.* 1 vol. avec 43 gravures d'après Tofani.

— *La petite fille du vieux Thémi.* 1 vol. avec 44 gravures d'après Tofani.

Mayne-Reid (Le capitaine) : *Œuvres* traduites de l'anglais :

— *Les chasseurs de girafes.* 1 vol. avec 10 gravures d'après A. de Neuville.

— *A fond de cale,* voyage d'un jeune marin à travers les ténèbres. 1 vol. avec 12 grandes gravures.

— *A la mer!* 1 vol. avec 12 grandes gravures.

— *Bruin,* ou les Chasseurs d'ours. 1 vol. avec 8 grandes gravures.

— *Le chasseur de plantes.* 1 vol. avec 12 grandes gravures.

— *Les exilés dans la forêt.* 1 vol. avec 12 grandes gravures.

— *L'habitation du désert,* ou Aventures d'une famille perdue dans les solitudes de l'Amérique. 1 vol. avec 23 grandes gravures d'après G. Doré.

Mayne-Reid (Le capitaine) (suite) : *Les grimpeurs de rochers*, suite du *Chasseur de plantes*. 1 vol. avec 20 grandes gravures.

— *Les peuples étranges*. 1 vol. avec 8 gravures.

— *Les vacances des jeunes Boers*. 1 vol. avec 12 grandes gravures.

— *Les veillées de chasse*. 1 vol. avec 45 gravures d'après Freeman.

— *La chasse au Léviathan*. 1 vol. avec 51 gravures d'après Ferdinandus et Weber.

Meyners d'Estrey : *Les aventures de Gérard Hendriks à la recherche de son frère*. 1 vol. illustré de 15 gravures d'après Mme P. Crampel.

— *Au pays des diamants*. 1 vol. illustré de gravures d'après Riou.

Moussac (Mme la marquise de) : *Popo et Lili, histoire de deux jumeaux*. 1 vol. avec 58 grav. d'après Zier.

Muller (E.) : *Robinsonnette ;* 4ᵉ édition. 1 vol. avec 22 gravures d'après Lix.

Peyronny (Mme de) : *Deux cœurs dévoués ;* 4ᵉ édit. 1 vol. avec 53 grav. d'après Devaux.

Pitray (Mme de) : *Les enfants des Tuileries ;* 4ᵉ édit. 1 vol. avec 29 grav. d'après E. Bayard.

— *Les débuts du gros Philéas ;* 4ᵉ édition. 1 vol. avec 57 gravures d'après H. Castelli.

— *Le château de la Pétaudière ;* 3ᵉ édition. 1 vol. avec 78 gravures d'après A. Marie.

— *Le fils du maquignon ;* 2ᵉ édition. 1 vol. avec 65 gravures d'après Riou.

— *Petit Monstre et Poule Mouillée ;* 6ᵉ mille. 1 vol. avec 36 gravures d'après E. Girardet.

— *Robin des Bois*. 1 vol. avec 40 gravures d'après Sirouy.

— *L'usine et le château*. 1 vol. avec 44 grav. d'après Robaudi.

— *L'arche de Noé*. 1 vol. illustré d'après Robaudi.

Rendu (V.) : *Mœurs pittoresques des insectes*. 1 vol. avec 49 gravures.

Sandras (Mme) : *Mémoires d'un lapin blanc ;* 5ᵉ édit. 1 vol. avec 20 grav. d'après E. Bayard.

Sannois (Mme de) : *Les soirées à la maison ;* 3ᵉ édit. 1 vol. avec 42 grav. d'après E. Bayard.

Ségur (Mme de) : *Après la pluie le beau temps ;* nouvelle édition. 1 vol. avec 128 gravures d'après E. Bayard.

— *Comédies et proverbes ;* nouvelle édition. 1 vol. avec 60 gravures d'après E. Bayard.

— *Diloy le Chemineau ;* nouvelle édition. 1 vol. avec 90 gravures d'après H. Castelli.

— *François le Bossu ;* nouvelle édition. 1 vol. avec 114 gravures d'après E. Bayard.

— *Jean qui grogne et Jean qui rit,* nouvelle édition. 1 vol. avec 70 grav. d'après H. Castelli.

— *La fortune de Gaspard ;* nouvelle édit. 1 vol. avec 32 gravures d'après Gerlier.

— *La sœur de Gribouille ;* nouvelle édition. 1 vol. avec 72 gravures d'après Castelli.

— *Pauvre Blaise ;* nouvelle édition. 1 vol. avec 96 gravures d'après H. Castelli.

— *Quel amour d'enfant !* nouvelle édition. 1 vol. avec 79 gravures d'après E. Bayard.

— *Un bon petit diable ;* nouvelle édition. 1 vol. avec 100 gravures d'après Castelli.

— *Le mauvais génie ;* nouvelle édition. 1 vol. avec 90 gravures d'après E. Bayard.

— *L'auberge de l'Ange-Gardien ;* nouvelle édition. 1 vol. avec 75 grav. d'après Foulquier.

— *Le général Dourakine ;* nouvelle édition. 1 vol. avec 100 gravures d'après E. Bayard.

— *Les bons enfants ;* nouvelle édition. 1 vol. avec 70 grav. d'après Ferogio.

— *Les deux nigauds ;* nouvelle édition. 1 vol. avec 70 grav. d'après Castelli.

— *Les malheurs de Sophie ;* nouvelle édition. 1 vol. avec 48 gravures d'après Castelli.

— *Les petites filles modèles ;* nouvelle édition. 1 vol. avec 21 grandes gravures d'après Bertall.

— *Les vacances ;* nouvelle édition. 1 vol. avec 36 gravures d'après Bertall.

Ségur (Mme de) (suite) : *Mémoires d'un âne;* nouvelle édition. 1 vol. avec 75 gravures d'après Castelli.

Stolz (Mme de) : *La maison roulante;* 7e édit. 1 vol. avec 20 gravures d'après E. Bayard.

— *Le trésor de Nanette;* 6e édition. 1 vol. avec 25 gravures d'après E. Bayard.

— *Blanche et Noire;* 4e édition. 1 vol. avec 54 gravures d'après E. Bayard.

— *Par-dessus la haie;* 4e édition. 1 vol. avec 56 gravures d'après A. Marie.

— *Les poches de mon oncle;* 5e édition. 1 vol. avec 20 gravures d'après Bertall.

— *Les vacances d'un grand-père;* 4e édition. 1 vol. avec 40 gravures d'après G. Delafosse.

— *Le vieux de la forêt;* 3e édition. 1 vol. avec 40 gravures d'après Sahib.

— *Les deux reines;* 2e édit. 1 vol. avec 32 gravures d'après Delort.

— *Les mésaventures de Mlle Thérèse;* 3e édition. 1 vol. avec 29 gravures d'après Charles.

— *Les frères de lait;* 2e édition. 1 vol. avec 42 gravures d'après E. Zier.

— *Magali;* 2e éd. 1 vol. avec 36 grav. d'après Tofani.

— *Les deux André.* 1 vol. avec 45 gravures d'après Tofani.

Stolz (Mme de) (suite) : *Deux tantes* 1 vol. avec 43 grav. d'après Ed. Zier.

— *Violence et bonté.* 1 vol. avec 36 gravures d'après Tofani.

— *L'embarras du choix.* 1 vol. avec 40 gravures d'après Tofani.

— *Petit Jacques.* 1 vol. avec 48 gravures d'après Tofani.

— *La famille Coquelicot.* 1 vol. illustré de 30 gravures d'après Jeanniot.

Swift : *Voyages de Gulliver,* traduits de l'anglais et abrégés à l'usage des enfants. 1 vol. avec 57 gravures d'après G. Delafosse.

Tournier : *Les premiers chants,* poésies à l'usage de la jeunesse; 2e édition. 1 vol. avec 20 gravures d'après Gustave Roux.

Verley : *Miss Fantaisie.* 1 vol. avec 36 grav. d'après Zier.

Vimont (Ch.) : *Histoire d'un navire;* 8e édit. 1 vol. avec 40 grav. d'après Alex. Vimont.

Witt (Mme de), née Guizot : *Enfants et parents;* 4e édition. 1 vol. avec 34 gravures d'après A. de Neuville.

— *La petite fille aux grand'mères;* 4e édit. 1 vol. avec 36 gravures d'après Beau.

— *En quarantaine,* jeux et récits; 2e édit. 1 vol. avec 48 gravures d'après Ferdinandus.

3e SÉRIE. — POUR LES ADOLESCENTS
DE 14 A 18 ANS

VOYAGES

Agassiz (M. et Mme) : *Voyage au Brésil,* traduit et abrégé par J. Belin-de Launay; 3e édition. 1 vol. avec 15 gravures et 1 carte.

Aunet (Mme d') : *Voyage d'une femme au Spitzberg;* 6e édit. 1 vol. avec 34 gravures.

Baines : *Voyages dans le sud-ouest de l'Afrique,* traduits et abrégés par J. Belin-de Launay; 2e édit. 1 vol. avec 22 grav. et 1 carte.

Baker : *Le lac Albert.* Nouveau voyage aux sources du Nil, abrégé par J. Belin-de Launay; 2e édit. 1 vol. avec 16 grav. et 1 carte.

Baldwin : *Du Natal au Zambèze,* 1851-1866. Récits de chasses, abrégés par J. Belin-de Launay; 3e édit. 1 vol. avec 24 grav. et 1 carte.

Burton (Le capitaine) : *Voyages à la Mecque, aux grands lacs d'Afrique et chez les Mormons,* abrégés par J. Belin-de Launay; 2e édit. 1 vol. avec 12 gravures et 3 cartes.

Catlin : *La vie chez les Indiens*, traduite de l'anglais ; 6° édition. 1 vol. avec 25 gravures.

Fonvielle (W. de) : *Le glaçon du Polaris*, aventures du capitaine Tyson ; 3° édit. 1 vol. avec 19 gravures et 1 carte.

Hayes (D[r]) : *La mer libre du pôle*, traduite par F. de Lanoye et abrégée par J. Belin-de Launay; 2° édition. 1 vol. avec 14 gravures et 1 carte.

Hervé et de Lanoye : *Voyage dans les glaces du pôle arctique;* 6° édition. 1 vol. avec 40 gravures.

Lanoye (F. de) : *Le Nil, son bassin et ses sources;* 4° édit. 1 vol. avec 32 gravures et cartes.
— *La Sibérie;* 2° édition. 1 vol. avec 48 gravures d'après Lebreton, etc.
— *Les grandes scènes de la nature;* 5° édit. 1 vol. avec 40 gravures.
— *La mer polaire*, voyage de l'*Erèbe* et de la *Terreur;* 4° édit. 1 vol. avec 29 gravures et des cartes.

Livingstone : *Explorations dans l'Afrique australe*, abrégées par J. Belin-de Launay; 5° édit. 1 vol. avec 20 gravures et 1 carte.
— *Dernier journal*, abrégé par J. Belin-de Launay; 2° édition. 1 vol. avec 16 gravures et 1 carte.

Mage (L.) : *Voyage dans le Soudan occidental*, abrégé par J. Belin-de Launay; 2° édit. 1 vol. avec 16 gravures et 1 carte.

Milton et Cheadle : *Voyage de l'Atlantique au Pacifique*, trad. et abrégé par J. Belin-de Launay; 2° édit. 1 vol. avec 16 grav. et 2 cartes.

Mouhot (Ch.) : *Voyage dans les royaumes de Siam, de Cambodge et de Laos;* 4° édition. 1 vol. avec 28 gravures et 1 carte.

Palgrave (W. G.) : *Une année dans l'Arabie centrale*, trad. abrégée par J. Belin-de Launay; 2° édition. 1 vol. avec 12 grav. et 1 carte.

Pfeiffer (Mme) : *Voyages autour du monde*, abrégés par J. Belin-de Launay; 5° édition. 1 vol. avec 16 gravures et 1 carte.

Piotrowski : *Souvenirs d'un Sibérien;* 3° édit. 1 vol. avec 10 gravures.

Schweinfurth (D[r]) : *Au cœur de l'Afrique* (1868-1871), traduit par Mme H. Loreau, et abrégé par J. Belin-de Launay; 2° édition. 1 vol. avec 16 gravures et 1 carte.

Speke : *Les sources du Nil*, édition abrégée par J. Belin-de Launay; 3° édition. 1 vol. avec 24 gravures et 3 cartes.

Stanley : *Comment j'ai retrouvé Livingstone*, trad. par Mme H. Loreau et abrégé par J. Belin-de Launay; 4° édit. 1 vol. avec 16 gravures et 1 carte.

Vambery : *Voyages d'un faux derviche dans l'Asie centrale*, traduits par E. Forgues, et abrégés par J. Belin-de Launay; 4° édit. 1 vol. avec 13 gravures et 1 carte.

HISTOIRE

Loyal Serviteur (Le) : *Histoire du gentil seigneur de Bayard*, revue et abrégée, à l'usage de la jeunesse, par Alph. Feillet; 4° éd. 1 vol. avec 36 gravures d'après P. Sellier.

Monnier (M.) : *Pompéi et les Pompéiens;* 3° édition, à l'usage de la jeunesse. 1 vol. avec 23 gravures d'après Thérond.

Plutarque : *Vies des Grecs illustres*, édition abrégée par Alph. Feillet, 5° édit. 1 vol. avec 53 gravures d'après P. Sellier.
— *Vies des Romains illustres*, édit. abrégée par Alph. Feillet. 5° édit. 1 vol. avec 69 grav.

Retz (De) : *Mémoires*, abrégés par Alph. Feillet. 1 vol. avec 35 gravures d'après Gilbert.

LITTÉRATURE

Bernardin de Saint-Pierre : *Œuvres choisies*. 1 vol. avec 12 gravures d'après E. Bayard.

Cervantes : *Don Quichotte de la Manche*. 1 vol. avec 64 grav. d'après Bertall et Forest.

Homère : *L'Iliade et l'Odyssée*, traduites par P. Giguet, abrégées par Alph. Feillet. 1 vol. avec 33 gravures d'après Olivier.

Le Sage : *Aventures de Gil Blas*, édition destinée à l'adolescence. 1 vol. avec 50 gravures d'après Leroux.

Mac-Intosh (Miss) : *Contes américains*, traduits par Mme Dionis; 2ᵉ édition. 2 vol. avec 120 gravures d'après E. Bayard.

Maistre (X. de) : *Œuvres choisies*. 1 vol. avec 15 gravures d'après E. Bayard.

Molière : *Œuvres choisies*, abrégées à l'usage de la jeunesse. 2 vol. avec 22 gravures d'après Hillemacher.

Virgile : *Œuvres choisies*, traduites et abrégées à l'usage de la jeunesse, par Th. Barrau et Alph. Feillet. 1 vol. avec 20 gravures d'après les grands peintres, par P. Sellier.

MON PREMIER ALPHABET

Album in-4, contenant 250 gravures en noir et 4 gravures en couleurs, cartonné. . . . . 2 fr.

MON HISTOIRE DE FRANCE

Album in-4, contenant plus de 100 gravures en noir et 10 gravures en couleurs, cartonné. . . . . 2 fr.

MON HISTOIRE SAINTE

Album in-4, contenant 100 gravures en noir et 8 planches en couleurs, cartonné. . . . . 2 fr.

PETITE BIBLIOTHÈQUE DE LA FAMILLE

Format petit in-16

A 2 FRANCS LE VOLUME BROCHÉ

LA RELIURE EN PERCALINE GRIS PERLE, TRANCHES ROUGES,
SE PAIE EN SUS 50 C.

Champol (F.) : *En deux mots.* 1 vol.

Dombre (R.) : *La garçonnière.* 1 vol.

Fleuriot (Mlle Z.) : *Tombée du nid.* 3ᵉ éd. 1 vol.

— *Raoul Daubry*, chef de famille. 3ᵉ éd. 1 vol.

— *L'héritier de Kerguignon.* 3ᵉ édit. 1 vol.

— *Réséda.* 11ᵉ édit. 1 vol.

— *Ces bons Rosaëc.* 3ᵉ édit. 1 vol.

— *La vie en famille.* 9ᵉ édit. 1 vol.

— *Le cœur et la tête.* 2ᵉ édit. 1 vol.

— *Au Galadoc.* 1 vol.

— *De trop.* 2ᵉ édit. 1 vol.

— *Le théâtre chez soi, comédies et proverbes.* 2ᵉ édit. 1 vol.

— *Sans Beauté*, 18ᵉ édit. 1 vol.

— *Loyauté.* 2ᵉ édit. 1 vol.

— *La clef d'or.* 8ᵉ édit. 1 vol.

— *Bengale.* 1 vol.

— *La glorieuse.* 1 vol.

— *Un fruit sec.* 1 vol.

Fleuriot Kérinou : *De fil en aiguille.* 1 vol.

Girardin (J.) : *Les théories du docteur Wurtz.* 1 vol.

Girardin (J.) (suite) : *Miss Sans-Cœur.* 4ᵉ édit. 1 vol.

— *Les Braves gens.* 1 vol.

— *Mauviette.* 1 vol.

Giron (Aimé) : *Braconnette.* 1 vol.

Leo-Dex : *Vers le Tchad.* 1 vol.

Marcel (Mme J.) : *Le Clos-Chantereine.* 1 vol.

Nanteuil (Mme P. de) : *Les élans d'Élodie.* 1 vol.

Verley : *Une perfection.* 1 vol.
Ouvrage couronné par l'Académie française.

— *Dernier rayon.* 1 vol.

Wiele (Mme Van de) : *Filleul du roi.* 1 vol.

Witt (Mme de), née Guizot : *Tout simplement.* 2ᵉ édit. 1 vol.

— *Reine et maîtresse.* 1 vol.

— *Un héritage.* 1 vol.

— *Ceux qui nous aiment et ceux que nous aimons.* 1 vol.

— *Sous tous les cieux.* 1 vol.

— *A travers pays.*

— *Vieux contes de la veillée.* 1 vol.

— *Regain de vie.* 1 vol.

— *Contes et légendes de l'Est.* 1 vol.

— *Les chiens de l'amiral.* 1 vol.

— *Sur quatre roues.* 1 vol.

D'AUTRES VOLUMES SONT EN PRÉPARATION

COULOMMIERS. — IMP. PAUL BRODARD. — 570-9-93. 100.000.